图说棉花基质育苗移栽

第二版

毛树春　韩迎春　著

参著者

王国平　李亚兵　范正义　冯　璐

杜文丽　李鹏程　杨北方　芦建华

李小新　董春旺

金盾出版社

内 容 提 要

本书由中国农业科学院棉花研究所专家著，此次修订增补了穴盘育苗、机械化移栽、规模化育苗和“代育代栽”等内容。以图说形式详细讲述了棉花基质育苗移栽所需产品及其特性，棉花基质育苗移栽的技术细节和操作要点。本书文字简洁，实用性和可操作性强，可供农民、技术人员、种子企业、农业生产领导和农业院校师生参考。

图书在版编目(CIP)数据

图说棉花基质育苗移栽/毛树春，韩迎春著．—2版．—北京：金盾出版社，2014.1

ISBN 978-7-5082-9348-6

Ⅰ.①图… Ⅱ.①毛…②韩… Ⅲ.①棉花—基质(生物学)—育苗—移栽—图解 Ⅳ.①S562.04-64

中国版本图书馆CIP数据核字(2014)第059907号

金盾出版社出版、总发行

北京太平路5号(地铁万寿路站往南)

邮政编码:100036 电话:68214039 83219215

传真:68276683 网址:www.jdcbs.cn

北京盛世双龙印刷有限公司印刷、装订

各地新华书店经销

开本:850×1168 1/32 印张:4 字数:50千字

2014年1月第2版第3次印刷

印数:9 001～15 000册 定价:15.00元

前 言

基质轻简育苗移栽是棉花营养钵育苗移栽的接班技术，自2000年以来在国家多个项目的资助下，由中国农业科学院棉花研究所研究完成，于2004年通过农业部组织的专家鉴定。鉴定委员会认为，该技术居同类研究的国际领先水平，2011年获中国农业科学院技术进步一等奖。它的应用必将改变棉花生产方式，提升科学植棉水平，推进植棉业的现代化进程。

基质轻简育苗是由无土育苗基质取代营养钵，采用高密度育苗和裸苗移栽的新技术（即“两无”），育苗采用基质、促根剂、保叶剂和保水剂等新材料，育苗方法可用苗床，也可用穴盘，幼苗生根多，起苗带走根系多，移栽成活率高，返苗发棵生长快，符合生产要求。进一步研发形成的工厂化育苗和机械化移栽（即“两化”）技术，可露地也可用日光温室和蔬菜大棚育苗，可各家各户也可集中规模化育苗。各地创新基质综合种苗技术，实行稻棉、菜棉连续育苗和常年育苗，实现从“卖种到卖苗”的转变。裸苗可人工移栽即“栽棉如栽菜”，也可机栽即“栽棉如插秧”，研制和改进的多类型移栽机具更具实用性。

多年实践表明，轻简育苗移栽具有“三高五省”的技术效果。三高，一是苗床成苗率高达95%左右，基本实现“一粒种子一棵苗”；二是大田裸苗移栽的成活率高达96.4%，返苗发棵生长时间不比营养钵长；三是适合密植，有利高产。五省，一是苗床面积节省一半，单位面积节省种子一半，“一亩种子两亩苗”是棉农的形象总结；二是育苗节省时间3～5天；三是“一篮苗子栽一亩地”，运苗省劲；四是育苗和移栽省工 70%，劳动强度减轻；五是成本适宜可接受，满足农村劳动力转移的新需求。

针对农村劳动力转移的急需，棉花基质轻简育苗移栽技术自 2007 年至今列为农业部的主推技术，2011 年至今列为农业部重大财政补贴专项，以加快“代育代栽”的社会化服务进程。

本项新技术推进棉区耕种制度改革。在长江流域，油后棉免耕机械化移栽的效率更高，争取农时更主动，大大缓解了劳动力不足的情况，更适合规模化植棉之需。在黄河流域，改麦田套种为麦茬移栽棉花，小麦满幅播种产量高，麦茬移栽棉花的产量达到春套棉水平，实现了双高产。由于育苗可延长生长期和争取积温，把麦棉两熟种植制度向北推移两个纬度，达到北纬 40°附近的天津市。

本书是在 2005 年版《图说棉花无土育苗和无载体裸苗移栽关键技术》和 2009 年版《图说棉花基质育苗移栽》版基础上进行修改补充，使轻简育苗和轻简移栽更具先进性、实用性，图片更适时。本书的出版必将为棉花轻简育苗移栽技术的推广应用发挥积极作用。

河南省安阳市小康农药有限责任公司与中国农业科学院棉花研究所联合开发保叶剂产品，山东青州火绒机械制造公司与中国农业科学院棉花研究所联合研制板茬移栽机。本技术在示范推广过程中先后得到湖南、湖北、安徽、江西、江苏、浙江、河南、山东、河北、山西、陕西、天津和新疆等政府农业部门、农技、科研、公司、协会和农民合作组织的大力支持和帮助，对此深表感谢。

毛树春

目 录

一、棉花从营养钵育苗移栽到基质育苗移栽新技术的应用

（一）营养钵育苗移栽技术退化的原因

1. 用工多，劳动强度大

营养钵育苗移栽一般增产 10%以上，霜前优质棉提高 10% ~ 20%，在棉花增产、提高品质和增效中发挥过重要作用。然而，由于用工多，劳动强度大（图 1–1 至图 1–5），随着农村劳动力的转移，出现了严重的技术“退化”和“老化”现象。

图 1–1　营养钵和土和制钵用工多，劳动强度大

图 1–2　一钵播种 2 粒，成苗 1 株

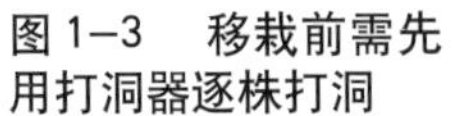

图 1–3　移栽前需先用打洞器逐株打洞

图 1–4　起苗时，一筐只能装运十多个营养钵苗，运苗很费劲

图 1–5　移栽用工集中，每 667 米^2（亩）需要 3 个劳动力劳作一整天

2. 苗期病害多，生产风险大

营养钵土壤带有多种病原菌，容易发生炭疽病、立枯病和红腐病等苗病（图 1–6），低温高湿时，因烂子和烂芽，导致苗床死苗过半或整床无苗（图 1–7 和图 1–8），棉花生产风险加大。

图 1–6　营养钵苗床发生炭疽病

图 1-7　因烂子烂芽使营养钵苗床死苗过半

图 1-8　因烂子烂芽，营养钵苗床无苗

（二）棉花基质育苗移栽的优势

1. 省种，成苗率高，苗壮病少

基质育苗，因无病原菌，可省种 50%～70%，总成苗率达到 91%，幼苗根多，苗壮、苗齐，防病效果好（图 1–9 和图 1–10）。

图 1–9　一子一苗，苗壮苗齐叶绿

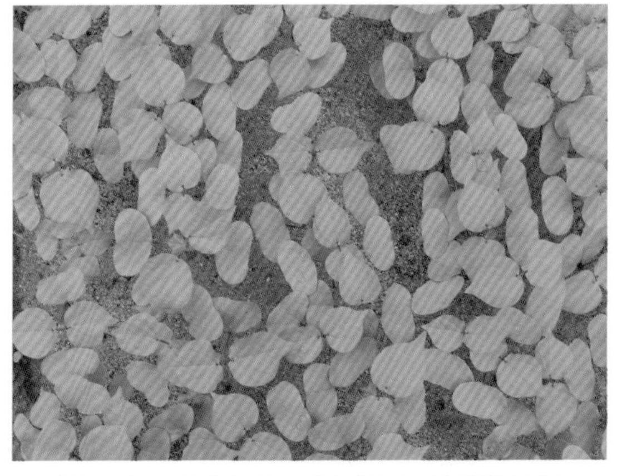

图 1–10　幼苗根多，成苗率高，防病效果好

2. 移栽省工，成活率高，增产显著

裸苗带走根量大（图 1–11），返苗快，移栽成活率高，可达 96.4%（图 1–12）。开沟移栽，省工省力（图 1–13 和图 1–14），与营养钵育苗移栽相比可增产 6%～10%。

图 1–11　裸苗带走根量大

图 1–12　移栽之后新根生长快

图 1–13　机器移栽，省工快速

图 1–14　开沟移栽，省工省力

裸苗根系分散，适合套栽棉田，特别适合蒜套棉。穴盘苗根系团结好（图 1–15），适合黏重土壤，有一定耐旱能力。

图 1–15　穴盘苗根系团结好，还有一定耐旱能力，适合黏重土壤移栽

3. 系列产品齐全，技术适应性广

基质育苗移栽需要育苗基质、促根剂、保叶剂等系列产品做保障，成果通过农业部鉴定（图1–16和图1–17），居同类研究的国际领先水平，系列产品已获得国家授权专利12项（图1–18），获中国农业科学院一等奖（图1–19）。

本技术成果既可搞千家万户育苗（图1–20）和人工移栽，也可搞工厂化、规模化育苗和机器移栽（图1–21至图1–24）。

图1–16　2004年棉花基质育苗新技术成果鉴定会

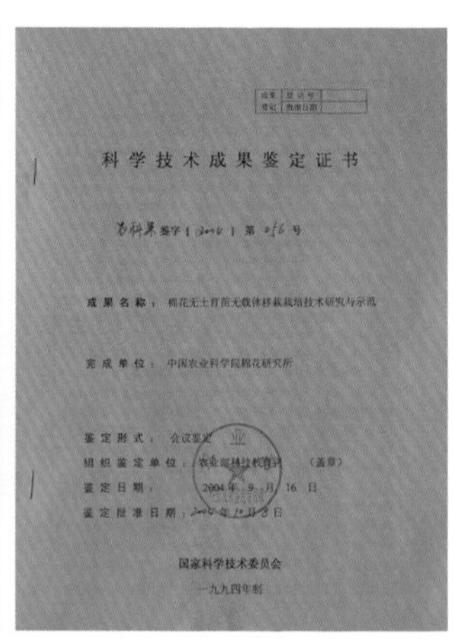

科学技术成果鉴定证书

成果名称：棉花无土育苗无载体移栽栽培技术研究与示范

完成单位：中国农业科学院棉花研究所

鉴定形式：会议鉴定

组织鉴定单位：　　（盖章）

鉴定日期：　2004年9月16日

鉴定批准日期：

国家科学技术委员会

一九九四年制

图1–17　棉花基质育苗移栽新技术成果鉴定证书

发明专利证书

局长 田力普

发明专利证书

证书号 第235127号

发明名称：促根剂及其制备方法和应用

发明人：毛树春；韩迎春；王国平；范正义；李亚兵

专利号：ZL 02 1 53630.9 国际专利主分类号：A01N 37/10

专利申请日：2002年12月3日

专利权人：中国农业科学院棉花研究所；毛树春

授权公告日：2005年11月9日

本发明经过本局依照中华人民共和国专利法进行审查，决定授予专利权，颁发本证书并在专利登记簿上予以登记。专利权自授权公告之日起生效。

本专利的专利期限为二十年，自申请日起算。专利权人应当依照专利法及其实施细则规定缴纳年费。缴纳本专利年费的期限是每年12月03日前一个月内，未按照规定缴纳年费的，专利权自应当缴纳年费期满之日起终止。

专利证书记载专利权登记时的法律状况。专利权的转移、质押、无效、终止、恢复和专利权人的姓名、国籍、地址变更等事项记载在专利登记簿上。

专利号

局长 田力普

2005年11月9日

第1页（共1页）

图 1-18 获得多个发明授权专利证书

育苗基质 ZL03149367.X

促根剂 ZL02153630.9

移栽机具 ZI200620022720.9

奖状

为表彰在农业科学技术和农村经济发展中作出显著成绩的单位，特授予中国农业科学院科学技术成果一等奖，以资鼓励。

受奖成果：棉花工厂化育苗和机械化移栽技术的创制与应用

受奖单位：中国农业科学院棉花研究所（第一完成单位）

编 号：2011-1-1-01

中国农业科学院

2011年5月

图 1-19 2011 年获奖成果证书

图 1–20　房前屋后小拱棚育苗，适合千家万户

图 1–21　蔬菜大棚育苗，适合千家万户

图 1–22　稻棉、烟棉连续育苗。在湖南早稻 4 月下旬移栽，接着培育棉苗，5 月下旬在油菜田移栽棉花。连续育苗模式使工厂利用率提高 2 倍

图 1–23　日光温室育苗，大力发展基质综合种苗和规模化育苗，工厂利用率高，规模效益好

图 1–24　工厂化分层育苗，使土地利用率进一步提高

（三）棉花基质育苗移栽与营养钵育苗移栽的特点和效果比较

两项育苗移栽的技术特点和效果对比见表 1-1。

表 1-1 棉花基质育苗移栽与营养钵育苗移栽的特点和效果比较

项　目	营养钵育苗移栽	基质轻简育苗移栽
技术效果	增产、增效和提高品质	增产、增效和提高品质，因调控和防早衰，再增产 6%～10%
育苗载体	营养土壤，带多种病原菌	基质无土壤，质地轻，富含营养，保水性能好，不带病原菌，导热性能好，可重复使用
苗床成苗	易烂子烂芽和死苗，成苗率 50%～70%	不烂子烂芽和死苗，成苗率 95% 以上，省种 50%以上，“一亩种子两亩苗”
育苗期（天）	真叶 2～3 片，早播需 30～40 天，迟播需 25～30 天	真叶 2～3 片，早播需 25～30 天，迟播需时 25 天，育等同苗龄的苗缩短时即省时 3～5 天
促根剂、保水剂和保叶剂	不使用	促根剂苗床灌根，保水剂与基质混合，起苗当天喷保叶剂
移栽与墒情	要求底墒足，但不能裸苗移栽	要求底墒足，口墒好，裸苗移栽成活率达到 95%，符合生产要求，须浇“安家水”
综合效果	苗床成苗率 50%～60%，移栽成活率 95%，育苗风险大，每苗成本 0.10～0.15 元 / 株，劳动强度大。要求底墒足，抗旱能力相对强些	苗床成苗率 95%以上，裸苗移栽成活率 95%以上，育苗风险小，每苗成本 0.07～0.10 元 / 株，省种 50%～70%，劳动强度减轻。要求底墒足，口墒好，强调浇足“安家水”，抗旱能力弱

二、棉花基质育苗的播前准备

基质育苗移栽的播前准备包括两个方面：一是种子准备，选用优良品种，精选种子，除去瘪子、不孕子，准备足够的种子；二是准备基质、促根剂和保叶剂及干净河沙等。

（一）种子准备

一般按计划移栽密度加10%的苗备种，如移栽2 000株，播种粒数为2 200粒。种子质量不低于国家GB 15671—1995标准。

提倡使用精加工的包衣种子（图2—1），可用光子（图2—2），不用毛子（图2—3）。

图2—1　精加工包衣棉种，包有警戒色，也称红种子或绿种子。包衣剂中含有杀虫剂或杀菌剂，具有防治苗期病虫害的作用

图 2-2　光子是脱掉种子表面短绒之后的棉种，脱绒可减少种子带菌的机会

图 2-3　毛子是短绒未被脱去的棉籽，质量差

规模化育苗采用大包装种子，可降低成本。

播种前种子要精选和晒种，提高发芽势和苗床成苗率。

（二）基质、促根剂、保叶剂及干净河沙的准备

1. 育苗基质的特性、功能与使用方法

（1）产品特性　由矿物质和营养物质组成，对人、畜和环境安全。基质无土，富含营养，质地疏松，容重、总孔隙适宜，通气、透水和保水性能好，导热性能优良。形状为固体颗粒（图 2-4 和图 2-5）。

图 2-4　育苗基质为国家授权发明专利产品，袋装，每袋 12.5 千克或 15 千克

图 2-5　育苗基质无土，浅棕色，颗粒状

(2) **主要功能**　以基质作为育苗的载体，苗床出苗快，成苗率高，棉苗健壮（图 2-6）；生根多，起苗不伤根，带走根量大，为裸苗移栽奠定了基础（图 2-7 和图 2-8）。

图 2-6　用育苗基质作为育苗载体，出苗快，成苗率高，苗健苗壮

图 2–7　用基质作为育苗载体，生根多，起苗不伤根，带出根量大

图 2–8　裸苗移栽棉株，新生根密集、粗壮

(3) **使用方法**　自备干净河沙，基质与含水量不超过 5%的干净河沙配比，体积比为 1∶1.2，重量比为 1∶10，均匀混合成为育苗基质。

2. 促根剂特性、功能与使用方法

(1) **产品特性**　由植物生长调节剂及营养元素组成，对人、畜和环境安全，剂型为水剂（图 2–9）。

(2) **主要功能**　一是刺激幼苗侧根发生，促进移栽裸苗快速生根；二是控制高密苗床形成“高脚弱苗”。促根剂是配合无土基质培育健壮苗的重要产品（图 2–10 至图 2–13）。

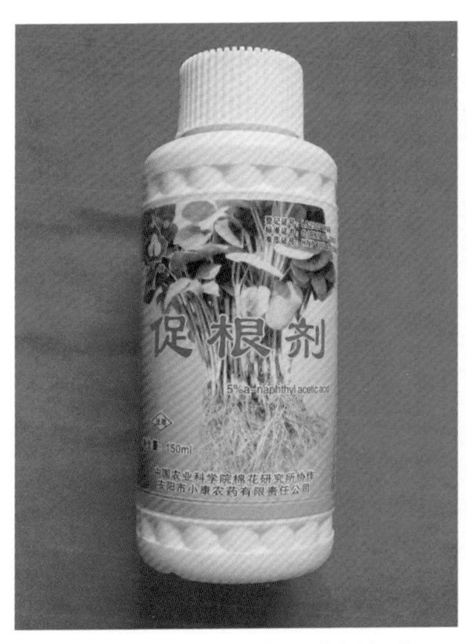

图 2-9　促根剂为国家授权发明专利产品，150 毫升瓶装

图 2-10　促根剂配合育苗基质使用，子叶平展期生根多达 27 条／株

图 2-11　促根剂配合育苗基质，生根达到 50 多条／株

图 2–12　促根剂配合育苗基质使用，裸苗移栽后的 7 ～ 10 天，新根已生长很多条

图 2–13　促根剂配合育苗基质使用，裸苗移栽后的 20 ～ 25 天，根系基本形成

(3) **使用方法** 稀释 100 倍。先在容器中加入一定量的水，倒入促根剂搅拌摇匀即可苗床灌根。当苗床出齐苗约 90% 即可灌根。

3. 保叶剂的特性、功能与使用方法

(1) **产品特性** 由多个高分子网状结构合成材料构成，无毒无害无残留，对人、畜和环境安全（图 2–14）。

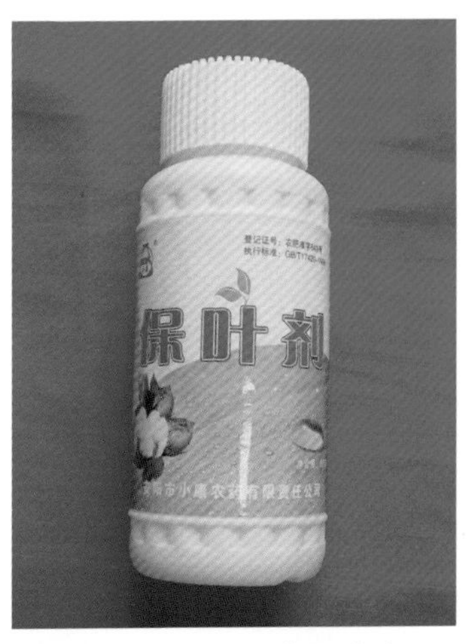

图 2–14 保叶剂获国家发明专利，产品瓶装，每瓶 80 克

(2) **主要功能** 在植物枝干及叶面表层形成保护膜，减少水分蒸腾，减轻移栽棉苗的萎蔫，加快返苗。

(3) **稀释方法** 稀释 10 ~ 15 倍，起苗当天喷施在苗床的棉苗叶片上，遇雨重喷。

4. 河沙的质量要求

青沙、黄沙和细石沙均可用，但颗粒大小要适宜。细颗粒沙保水性好，对培养壮苗有利。河沙要干净，无任何污染（图 2–15 和图 2–16）。

图 2–15　青　沙

图 2–16　细　沙

5. 基质、促根剂、保叶剂和河沙的使用量

不同移栽密度所需的苗床面积及基质、促根剂、保叶剂和河沙使用量见表 2–2。

表 2–2 基质苗床育苗所需面积及基质、促根剂、保叶剂用量一览表

计划移栽密度（株 / 667 米 ^{2}）	苗床净面积（平方米）	育苗基质（袋）	育苗基质（千克）	干净河沙（千克）	促根剂（毫升）	保叶剂（克）
500	1.0	0.7	8.3	85 ～ 100	50.0	25.0
1 500	3.0	2.0	25.0	250 ～ 300	150.0	75.0
2 500	5.0	3.3	41.7	420 ～ 480	250.0	125.0

与营养钵一样，床址要求避风向阳，取水和交通方便。还要准备支撑物、拱竹、地膜和农膜等。

三、棉花基质育苗关键技术

（一）基质苗床育苗

1. 做床

集中育苗时，可利用冬闲地建床（图 3–1），一家一户分散育苗，苗床可建在房前屋后（图 3–2）。苗床所处位置要背风向阳，地势高亢，取水与排水方便（图 3–3）。

图 3–1 大田集中育苗，苗床较为规范（安徽省无为县）

图 3–2　农户分散育苗，苗床可建在房前屋后（安徽省安庆市）

图3–3　苗床宽120厘米，床深12厘米，床底平整。床四周建走道40厘米，厢沟深40～50厘米

河沙需过筛，筛除石块和杂物（图 3–4）；河沙与育苗基质按1∶1.2的体积比充分混合，拌均（图 3–5）；床底和四周铺农膜防根系穿过苗床而不长侧根。膜上平

铺混合基质厚度 10 厘米（图 3–6），混合基质加足水分抹平床面（图 3–7 和图 3–8）。

图 3–4　河沙过筛，去除石块杂物

图 3–5　河沙与育苗基质混合拌匀。大型育苗可用搅拌机混合，运送机上床，可减少人工

图 3–6　床底和四周铺农膜，阻止根系穿过苗床底部，铺农膜之后加基质，厚 10 厘米

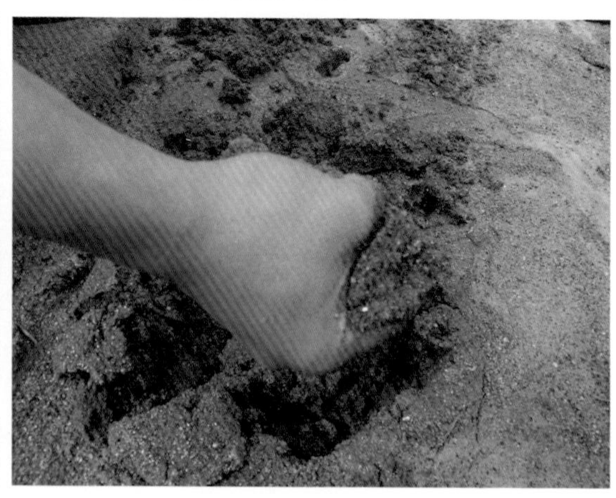

图 3–7　基质加水要充足，以手握基质成团且不渗水为加水充足的标准

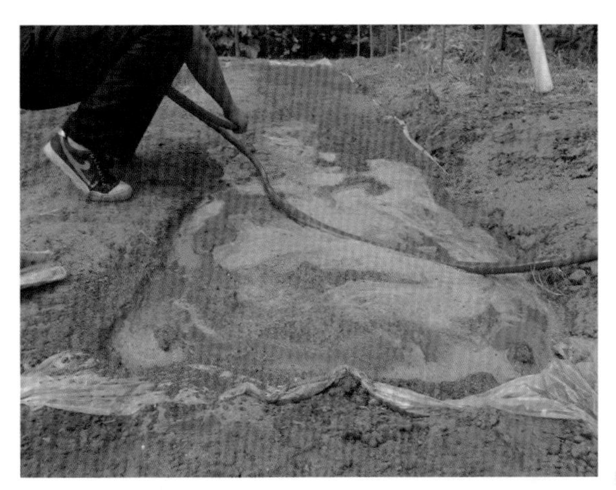

图 3-8 混合基质加水之后，用木板抹平床面

用自制划行器（行距 10 厘米）在床面基质上划行，然后按划痕开播种沟，沟深 3 厘米，待播（图 3-9 至图 3-12）。

图 3-9　自制划行器（安徽省无为县棉花协会研制）

图 3-10　划行器的行距规定为 10 厘米

图 3-11　开播种沟，沟深 3 厘米

图 3-12　检查行深，待播

2. 播种期

适时播种是棉花高产的要素之一。裸苗移栽的适宜苗龄为 2 ~ 3 片真叶，早播一般 30 天上下，晚播需 25 天左右。移栽要把握“苗到不等时”，即苗龄达到 2 ~ 3 片真叶，看天即可移栽。

规模化或工厂化育苗宜分批播种，每批间隔 2 ~ 3 天，以防因天气变化不能及时移栽。长江和黄河流域棉区参考播种适期见表 3–1。

连续育苗、重复育苗和综合种苗基地播种期见基质高效节本育苗模式。

表 3–1 集中育苗移栽棉花苗床适宜播种期和大田移栽期（参考）

棉　区	种植制度	苗床播种期	大田移栽期
长江流域棉区	小麦棉花两熟，棉花套栽 油菜棉花两熟，棉花套栽	4 月初或上旬	4 月底或 5 月初
	小麦收获后移栽棉花（麦茬移栽棉）	4 月下旬	5 月下旬
	油菜收获后移栽棉花（油茬移栽棉）	4 月中旬	5 月中旬
黄河流域棉区	小麦棉花两熟，棉花套栽	4 月初或上旬	4 月底或 5 月初
	小麦收获后移栽棉花（麦茬移栽棉）	5 月上旬	6 月上、中旬抢时间
	一熟制棉田	4 月初	4 月下旬或 5 月初

3. 播种方法

行距 10 厘米，粒距 1.4 ~ 1.8 厘米（图 3–13），用木板条抹平播种沟，将种子用混合基质覆盖，同时镇压，床面抹平，以防带帽（带种壳）出苗（图 3–14）。用喷壶洒水（图 3–15），洒水量以湿润基质表层为宜。床面覆盖地膜（出苗后及时揭膜，否则易“烧苗”），搭好拱棚，覆盖农膜（图 3–16），开好厢沟和围沟，以便于排水（图 3–17）。

图 3–13 包衣种子按 1.4 ～ 1.8 厘米距离播种 1 粒

图 3–14 播种后，用基质覆盖，抹平床面，镇压可防止带壳出苗

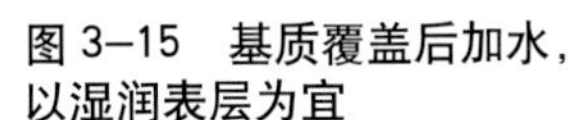

图 3–15 基质覆盖后加水，以湿润表层为宜

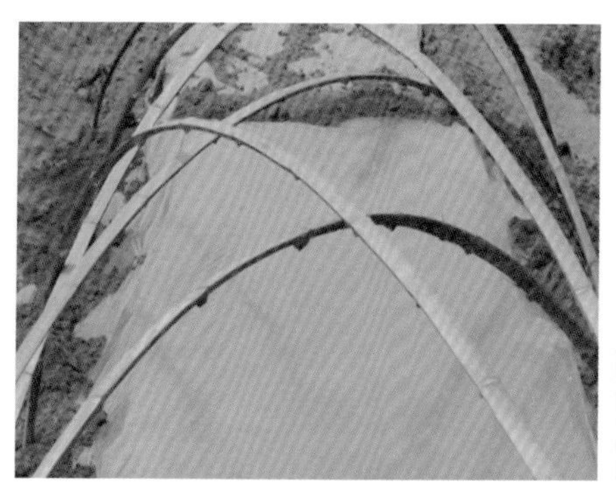
图 3–16 搭好拱棚，覆盖农膜。5 月育苗，若床面覆盖地膜，在齐苗后要及时揭膜，否则易造成高温烧苗

图 3–17 开好围沟和厢沟，便于排水

4. 基质苗床管理要点

(1) 苗床管理以控水为主，采用控水与适当补水结合，结合灌促根剂补水 黄河流域棉区由于空气干燥，要增加补水次数。在高温年景，长江流域棉区也要补水。

图 3–18 用吸管吸取促根剂，倒入量筒量准，再加水稀释 100 倍

第一次补水与行间灌促根剂结合。出齐苗到子叶平展，用促根剂 100 倍液灌根。每平方米苗床用促根剂 40 毫升，加水稀释至 4 000 毫升，再将促根剂稀释液均匀浇灌于苗床（图 3–18 和图 3–19）。

图 3-19　去掉喷雾器的喷头，压低喷头以喷到根部

（2）**及时揭膜通风，防高温烧苗**　出苗到子叶平展，棚室温度保持在 25℃左右。齐苗后注意调节温度，及时小通风，防止高脚苗。5 月育苗遇到高温天气，要及时揭膜，蔬菜大棚用喷水雾或喷灌设施喷水雾降温。

图 3-20　5 月，小拱棚育苗要及时揭膜通风，以防高温烧苗

第一片真叶长出后，床温保持在 20℃～25℃，通风炼苗，上午揭膜通风，下午覆盖。后期，随着气温的升高，炼苗日揭夜覆，遇雨覆盖（图 3-20、图 3-21 和图 3-22）。

图 3–21　塑料大棚集中育苗，要注意通风和控制温度（河北隆尧种植协会）

图 3–22　工厂化育苗，要有通风控温设施，能够打开棚顶层，使太阳直射，促进幼茎发红，增加幼茎木质化程度，炼苗效果明显提高（湖北潜江运粮湖农场）

（3）**及时疏苗，防止高脚苗**　齐苗后，若株距不足 2 厘米，要及时疏苗。疏苗时，去弱留壮，使苗距达到 2 厘米（图 3–23 和图 3–24）。如有杂草，疏苗时应拔除。

图 3–23　密度过大，株距不到 2 厘米，要及时疏出弱苗

图 3–24　过密苗床及时疏苗，剔除弱苗留壮苗

（4）**注意防治害虫，确保全苗**　基质苗床一般不发生病害，少有害虫。小拱棚育苗需防治地下害虫地老虎（图3–25）、蝼蛄（图3–26）、食叶害虫蓟马（图3–27）和蜗牛（图3–28）。用蔬菜大棚育苗还要防治棉蚜、潜叶蝇和白粉虱等越冬蔬菜害虫。

图3–25　地老虎幼虫啃食棉苗叶肉，也危害生长点，致使真叶长不出

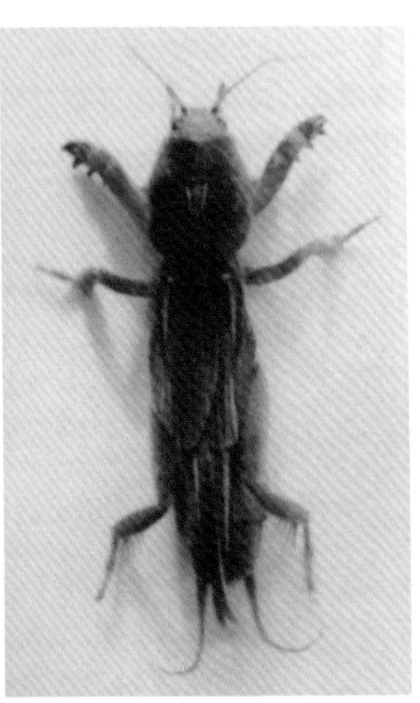

图3–26　蝼蛄咬食棉苗根茎，造成缺苗

地老虎和蝼蛄防治

敌百虫与棉仁饼的比例为1∶50，敌百虫加适量水稀释，喷在棉仁饼上，撒入棉行即可。

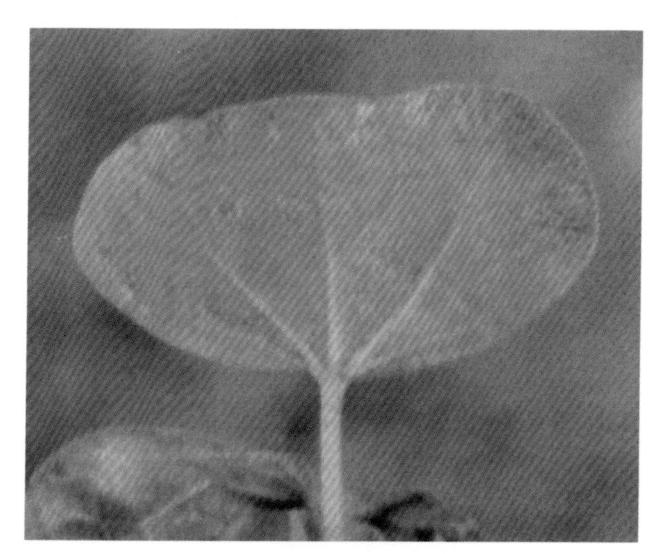

图 3–27　蓟马危害子叶期棉苗后，生长点变为锈色而枯死

蓟马防治

虫螨克 2 000 ～ 4 000 倍液，或 20%螨克或扫螨净 1 000 倍液喷雾防治。

图 3–28　蜗牛用齿舌舔食棉苗嫩组织，咬成空洞和缺刻，有时将幼茎咬断

蜗牛防治

用砒酸钙 1.5 千克，拌细土 15 千克配成毒土，每 667 平方米撒 15 千克；或蜗牛敌拌和炒香的棉子饼粉 10 千克配成毒饵，在傍晚时撒入棉行，每 667 平方米撒 5 千克。或人工捕捉集中消灭

5. 基质健壮苗标准

苗高 15 ~ 20 厘米，真叶 2 ~ 3 片，子叶完整，叶片无病斑，叶色深绿，茎粗叶肥，根多，根密而粗壮（图 3–29 和图 3–30），起苗前幼茎红色占一半。

栽前要炼苗，见棉花轻简移栽关键技术。

图 3–29　真叶 2 ～ 3 片，幼苗茎粗叶肥、叶色深绿，叶片和幼茎无病斑

图 3–30　苗高 15 ～ 20 厘米，根多，根密而粗壮

（二）基质穴盘育苗

1. 育苗材料准备

与基质苗床相比，穴盘育苗可节省一半基质，操作简单；起苗时不伤根系；棉苗经过干湿交替锻炼，适应

外界逆境的能力增强，有一定抗旱能力，缓苗期短，移栽风险低。因穴盘苗的苗高偏矮存在浅栽和倒伏风险。

（1）**穴盘**　穴盘为承载基质的物体。穴盘大小为1 540 ~ 1 980 平方厘米（图 3–31），即长 × 宽 =55 ~ 60 厘米 ×28 ~ 33 厘米，穴孔数为 80 ~ 120 个 / 盘，穴孔为圆锥（台）体型，高 4.5 ~ 5 厘米，孔径 4.5 厘米，每穴体积 21 ~ 25 立方厘米。

图 3–31　育苗穴盘，每盘以孔数 100 ~ 120 个为宜

（2）**基质**　基质是育苗载体。选用无机基质，每袋体积 80 升（图 3–32），需加等同体积的干净河沙（图 2–15 和 2–16）混匀即可使用。选用腐殖质类的有机基质，每袋体积约 50 升（图 3–33），不添加物质即可用。

种子、促根剂、保叶剂及其他物资等同棉花基质育苗的播前准备。

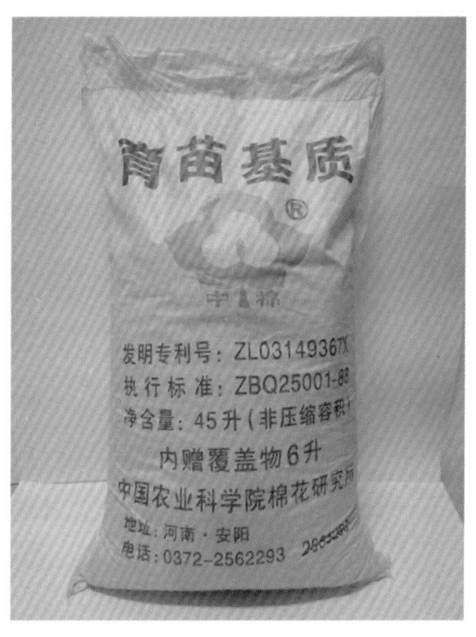

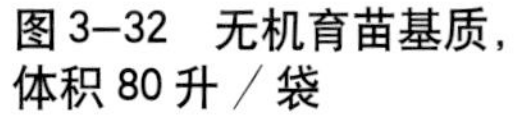

图 3–32　无机育苗基质，体积 80 升 / 袋

图 3–33　有机基质，体积 50 升 / 袋

（3）**保水剂**　保水剂具有吸水保湿功能，吸水力为 1∶300 倍，可减少苗床灌水，保持苗床湿润，减轻栽后干旱危害。使用时与基质混合，每 1500 株配 10 克（图 3–34）。

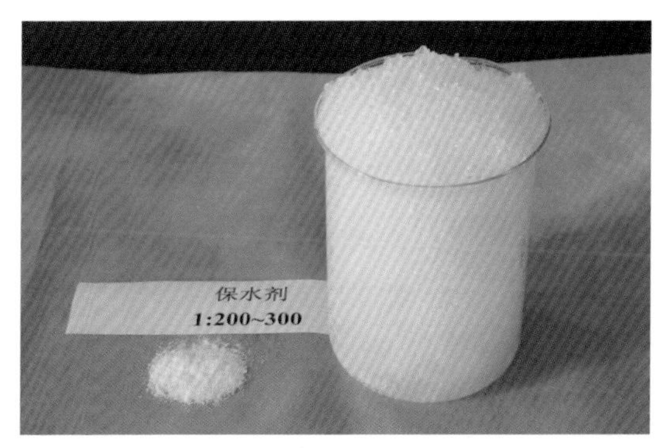

图 3–34　保水剂具有保水保湿功能

（4）**主要材料及其用量**　穴盘育苗选择用每盘100孔穴为佳。按种子发芽率85%、成苗率90%和移栽成活率95%计算，以移栽密度1 500株/667米^{2}为例（表3–2），需棉种2 000粒，备种量按增加30%计，需备种约0.3千克；无机基质1袋，体积80升，需和同体积干净河沙（图2–15和图2–16）均匀混合，或备腐殖质类的有机基质体积2袋，体积约100升，另需覆盖物40～50升；促根剂（图2–9）和保叶剂（图2–14）各1瓶，配有适量保水剂。

表3–2 穴盘育苗材料的数量计算表

移栽棉苗（株）	种子量（千克）	100孔穴盘（个）	无机基质：河沙（升）	有机基质（升）	促根剂（瓶）	保叶剂（瓶）	保水剂（克）
1500	0.30	20	80：80	100	1	1	10
3000	0.60	40	160：160	200	2	2	20

注：无土基质＋加河沙与有机基质两种育苗基质载体可任选其一；促根剂150毫升/瓶，保叶剂80克/瓶

2. 穴盘育苗操作

穴盘育苗操作顺序：建床（可用小拱棚育苗，也可用温室、大棚育苗）→装保水剂（保水剂吸足水分后装入）→装基质→码放和压播种孔→播种→苗床整齐摆放→覆盖→喷水→补充营养。

（1）**建床**　床址选择同基质苗床。床宽设置需结合穴盘排列方式，如穴盘宽30厘米，竖式并排4个穴盘则需床宽120厘米，如果过宽操作和管理不方便；床深8～10厘米，床底要平整，便于均匀供水。地面铺农膜（图3–35）以防漏水。每床长度以10米为宜，在床周边铺设好供水

管道或喷滴灌系统。在蔬菜大棚和温室可建床育苗，也可用育苗架分层育苗（图 3–36），保证水分供应及通风设施完备。

（2）**基质配比与装盘**　先将保水剂充分吸水后均匀

图 3–35　小拱棚育苗

图 3–36　温室大棚分层育苗

撒入穴盘底部（图 3–37），育苗基质可用无机基质（图 3–32），按体积比 1∶1 加入干净河沙，喷适量水，混合均匀装盘；也可用腐殖质等有机类基质（图 3–33），喷适量水直接装盘（图 3–38）。

（3）**播种**　播种时间见表 3–1。基质装盘后整齐码

图 3–37　保水剂充分吸水后均匀撒入穴盘底部

图 3–38　基质装盘，刮平盘面

放成摞，自然压出播种孔（图 3–39）。

种子要精选，1 穴播 1 粒（图 3–40）。如发芽率低于 80%，可 1 孔 1 粒与 2 粒间隔播种，减少空穴率。

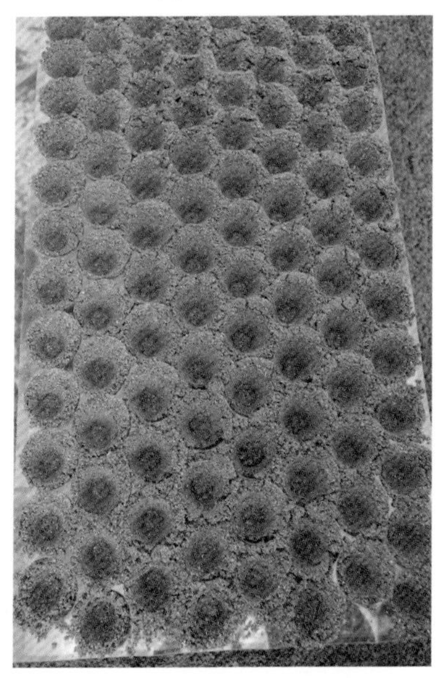

图 3–39　整齐码放，压播种孔

正在研制穴盘自动化播种（图 3–41）和装基质机械，可进一步减少人工。

①上床　播种后穴盘整齐摆放在苗床或育苗架上，穴盘边缘相互重叠，盘面衔接紧密，不留空隙，覆盖基质并轻镇压（图 3–42）。

②浇足水　浇水量以每盘 1.0 ~ 1.5千克为宜。浇水方式：可在穴盘上面喷水（图 3–43），也可把水浇入穴盘底部，基质自然吸水。

③保温　3 ~ 4 月育苗，穴盘表面覆盖地膜，可促进出苗，出苗后及时揭膜（图 3–44），5 ~ 6 月育苗可不覆盖。

④翘根及其处理　若发现有翘根或带种壳出苗，要及时覆盖河沙压住即可恢复正常出苗。

1 孔出 3 ~ 4 株苗或有杂草时，用剪刀剪除多余的苗及杂草。

3-40　穴盘人工播种

3-41　穴盘自动化播种机可自动播种

图 3-42　播种后整齐码放在苗床上或育苗架上，覆盖基质

图 3–43　浇足水

图 3–44　5 月育苗的，出苗后要及时揭膜，以防烧苗

3. 苗床期管理要点

苗床温度管理同棉花基质育苗关键技术。穴盘基质育苗由于基质用量少，保水能力差，易缺水和营养不足，苗床期管理主要是补水和补充营养。

（1）**补水**　出苗后可轻提起穴盘，或将水直接浇至穴盘下面，可人工浇水，更可采用细水滴灌，每盘灌水约2升，苗床积水深1～2厘米，可保证供水（图3–45）。

（2）**灌促根剂**　子叶平展，每盘灌1∶100倍促根剂稀释液500～750毫升，20个穴盘需促根剂1瓶。

（3）**补充营养**　当幼苗生长1片真叶后，按每50千克水加入磷酸二铵5～10克，充分溶解，与水混合均匀，按补水方法灌入床底部，育苗期补充营养1次即可。忌加尿素，以免烧根。

图3–45　可把自来水接入苗床，直接灌入床底，采用滴灌的效果最好，可减少人工

4. 栽前炼苗与起苗

（1）**栽前炼苗**　提早炼苗，炼苗以“干长根”为原则，要求红茎比例占50%以上，此时基质含水量适宜，根团形成，起苗不伤根。

（2）**喷施保叶剂**　方法同苗床育苗。

（3）**起苗**　起苗前1天浇水或对幼苗直接喷水，保证基质吸足水分。起苗时先轻轻抖落穴盘表面基质（图3–46），然后一手轻挤托穴盘底部，一手轻提起幼苗（图3–47），带出根坨；每30 ～ 50株扎成一捆，装入运苗箱（图3–48），保持幼苗直立不被挤压，通风好。

（4）**苗床清理**　清理苗床基质，并堆放保存。回收穴盘码放于阴凉处保存（图3–49）。

运苗和移栽见棉花轻简移栽关键技术。

图3–46　抖落穴盘表面覆盖基质

图 3-47　轻挤穴盘底部起苗

图 3-48　运苗箱存放棉苗

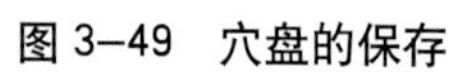

图 3-49　穴盘的保存

5. 穴盘健壮苗标准

育苗期 25 ～ 30 天；真叶 2 ～ 3 片；苗高 15 厘米；子叶完整，叶色深绿；叶片无病斑；茎粗叶肥；根多根密根粗壮，形成根团（图 3–50 和图 3–51）。

图 3–50　穴盘基质育苗培育的健壮苗

图 3–51　穴盘苗成捆，便于装苗和运输

四、棉花轻简移栽关键技术

（一）栽前大田准备

1. 施足基肥

移栽前，移栽地要求施足基肥，基肥以有机肥为主，化肥基肥要早，以防烧苗和造成烂根（图 4–1）。

2. 浇水

黄河流域要浇足底墒水，精细整地，达到土松土细，口墒好（图 4–2）。

图 4–1　移栽地要重施基肥

图 4–2 移栽地要浇足底墒水，精细整地；
油菜茬口也可板茬移栽

（二）提早炼苗，起苗前喷保叶剂

1. 提早炼苗，爽床起苗

通过炼苗达到幼茎红色占一半。炼苗方法：一是控水，起苗前 5 ～ 7 天苗床不浇水。二是当苗床湿度大，要揭膜晒床放墒，做到基质干爽。同时，苗床要日夜通风炼苗，遇雨或天气寒冷仍需覆盖，两头通风（图 4–3 和图 4–4）。穴盘苗见棉花基质育苗关键技术。

2. 起苗前喷保叶剂

保叶剂稀释 10 ～ 15 倍液在移栽当天喷施在棉苗叶片上（图 4–5），规模化和工厂化育苗可提前 1 天喷施。遇雨须重喷。

图 4-3　起苗前 3 ~ 5 天要揭膜通风炼苗

图 4-4　起苗前 5 ~ 7 天控制苗床浇水，确保爽床起苗

图 4-5　起苗当天或前 1 天喷施保叶剂

（三）起苗、分苗和扎把

1. 起苗

棉苗在 2 ~ 3 片真叶期可适时移栽。起苗时苗床基质干爽（图 4–6），先从苗床的一头用手拨到底部，每行要求垂直拨到床底层，露出根系，一手插入苗床底部（图 4–7），另一手扶苗，轻轻托起并抖动基质和沙，带出大量原生根系，要求轻取轻拿，尽可能不折断或少折断根（图 4–8）。

图 4–6　起苗时，从苗床的一头打开苗床

图 4-7　用手插入床底部托起幼苗。注意不能直接拔起苗

图 4-8　将基质轻轻抖去，尽量不折断根系

2. 分苗

挑拣出少根苗、幼茎弯曲苗和矮苗等弱苗，假植苗床中用于补栽。

3. 扎把

每 20 ~ 30 株扎成一小把（图 4–9）。

图 4–9　每 20 ~ 30 株扎一小把

（四）装苗和运苗

裸苗运苗省工省力。一家一户移栽，幼苗起出后放在篮子内，上面覆盖一层湿布，运往移栽处。

大面积移栽时，幼苗要用运苗塑料箱（长 × 宽 × 高 ＝ 50 厘米 ×33 厘米 ×18 厘米），每盘装苗 1 500 株上下（图 4–10）。

操作步骤：一是运苗箱底只能带少量水；二是幼苗在箱中要直立，如果倒伏被全株浸湿，栽后易落叶。

运苗箱可叠放，一车可运好几十箱（图 4–11），可栽好几十亩，要求苗到即栽。

图 4–10　2009 年 4 月隆尧县大面积移栽时，箱装，幼苗要直立，不能倒伏，运苗盘可叠放运输

图 4–11　幼苗箱叠放运输

（五）人工和机械化移栽

1. 移栽标准和要点

（1）**成活返苗发棵标准**　裸苗移栽成活率为 95%，返苗发棵生长需时 7 ~ 10 天，春栽快慢取决于温度，夏栽快慢取决于水。

（2）**技术要点**　一是栽高温苗不栽低温苗，要求土壤10厘米地温17℃以上；遇到低温寒潮期间要停止。

二是“安家水宜多不宜少”，边栽边浇。

三是适当深栽，“栽棉如同栽菜”，机栽和人工移栽都要求开沟深度不浅于10厘米，根系落土不浅于7厘米。

四是栽爽土不栽湿土，爽土发苗快。

此外，基质培育的幼苗因株型相对紧凑，移栽密度可比营养钵增加10%，有利于高产。

2. 人工移栽

(1) **沟、洞、坑均可**　用畜力或人工开沟，或用打洞器打洞，或用铲子挖个坑（图4–12），开沟打洞深10厘米（图4–13和图4–14），根系入土深度不浅于7厘米，“安家水”一株0.5千克（图4–15）。

图4–12　用铲子挖个坑放苗

图 4–13　开沟深 10 厘米，沟底浇水和栽苗

图 4–14　打洞移栽同营养钵

图 4–15　麦田开沟移栽，须浇足“安家水”

（2）**提倡地膜覆盖，浇足安家水**　地膜覆盖可促进早发壮苗，育苗移栽仍不能取代。覆盖方法是移栽前几天先覆盖地膜，打孔放苗（图 4–16）。

浇足“安家水”，栽后即浇（图 4–17）。

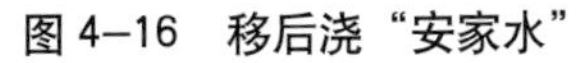

图 4–16　移后浇“安家水”

图 4–17　先地膜覆盖，同营养钵一样膜上打洞放苗覆土，栽后浇“安家水”

3. 机器移栽

机器移栽可一次完成开沟、放苗、覆土、镇压和浇“安家水”的作业，机栽棉的成活率与人工移栽效果一样。机栽棉更节省人工，减轻劳动强度。

按移栽机的运苗方式可分为直插式、链夹式和钳夹式等可移栽裸根苗；吊篮式、导苗管式和曲柄摇杆式等可移栽带载体苗；全为半自动，需人工分苗。同时，均可移栽旱地蔬菜、红薯、烟草和花卉等。

大多需耕整地之后才能移栽，中国农业科学院棉花研究所与山东青州火绒机械制造公司联合研制板茬移栽机械（图 4–20），栽前不需耕整地即可免耕移栽。

移栽机器有6行(图4–18)、2行(图4–19和图4–20)和1行(图4–21),大多需耕整地,也可免耕移栽(图4–22和图4–23)。

作业前，拖拉机手和放苗人员先进行适应性训练，再移栽。作业过程中要检查行进速度、开沟深度、放苗密度、漏栽率和倒苗率等情况，确保栽植质量。

沙壤土、两合土比黏重土的移栽效果好。

板茬移栽机（图4–20）不需耕整地，不破坏排水沟，更节省人工，争取农时，双行机可日栽2.67～3.33公顷。施耕移栽机更先进（图4–22），双行机可日栽3.33～4公顷，更适合长江流域棉区。

图4–18　麦茬棉6行移栽机，一般作业需拖拉机手、放苗、起苗、运苗和供水等9人，每667米^{2}栽2000株，一天可栽2.67～3.33公顷，人均栽0.27～0.33公顷

图4–19　套栽棉田2行机移栽，一般作业需拖拉机手、放苗、起苗、运苗和供水等6人，每667米^{2}栽2000株，每天可栽2公顷，人均栽0.33公顷，栽后及时灌溉

图 4–20　采用免耕移栽机移栽的需清理田间残茬再移栽

图 4–21　免耕移栽机苗情

图 4–22　双行移栽机，旋耕、作垄、施肥注水，5 人作业，每台每天可栽 4 公顷，棉苗直立性能好

图 4–23　双行移栽机作业后的苗情。该机栽后不需开沟，更节省人工，解决了长江多年免耕带来的土壤板结问题

4. 栽后检查，移栽补缺

栽后要检查质量，倒苗要扶正压实，发现缺苗要及时补栽(图 4–24)，栽后多余苗可“假植”在苗床或地头(图 4–25)，以备补栽之用。

图 4–24 扶苗压实和补栽缺苗

图 4–25 移栽时多余的苗，可“假植”在苗床中，也可寄养在地头或行间。移栽之后发现缺苗，可用“假植”苗补缺

5. 加强管理，促进壮苗早发

裸苗在移栽后出现短时萎蔫属正常现象，苗龄大的萎蔫程度重些，低温大风天气会加重萎蔫。底墒足、气温高，栽后萎蔫不明显，返苗时间短。5 月和 6 月移栽的基本没有返苗期，这即是栽高温苗不栽低温苗的道理。正常情况下，栽后 1 ~ 2 天出生新根，返苗发棵 5 ~ 7 天，新叶出生 7 ~ 10 天，返苗期 10 ~ 15 天。

返苗转化过程：栽前幼茎红色占一半，栽后由红色转化为绿色（图 4–26）；栽前幼茎为绿色的，栽后则由绿色转为红色，再转为绿色。此时如果遇到低温，幼茎先转成紫色，再由紫色转化为绿色。

图 4–26　栽前幼茎为红色，栽后则由红色转化为绿色

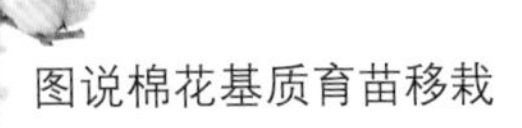

栽后管理以保成活为重点，促进苗情转化，实现壮苗早发。

（1）**歉墒补水，遇旱灌溉** 裸苗移栽后，口墒不足要补水，遇到高温干旱要抗旱浇水；套栽棉田“浇水洇花”，一水两用（图 4–27）。

图 4–27 套栽棉田提倡灌溉，一水两用，满足小麦灌浆需水。一熟棉田口墒不足可地面灌溉，以滴灌最好

（2）**安全使用除草剂** 在长江中游，滥用除草剂造成棉花中毒的现象很普遍（图 4–28）。

移栽棉苗除草剂正确使用方法：①草甘膦须在株高达到 30 厘米之后才能使用，否则易中毒。②移栽幼苗成活后可用乙草胺或甲草胺、丁草胺和异丙草胺，用量要严格按照产品说明书。③在早晨或傍晚无风时喷施，压低喷头，或于喷头上安装防雾罩，远离棉株，可减轻除草剂对幼苗的危害。

（3）**中耕松土，促进发棵生长**　对老苗和没有地膜覆盖的棉田，要及时中耕、锄草、破板结，以提高地温，促进发棵生长（图 4−29）。

注意防治病虫害，科学施肥，节水灌溉以夺取高产。

图 4−28　错误使用草甘膦引起的棉田僵苗症状。叶片下垂，幼茎发红，叶色发紫，不出新叶，返苗发棵时间延后 20 天

图 4−29　返苗后中耕松土，促进发棵生长

五、棉花基质育苗移栽新技术示范推广

棉花基质育苗移栽新技术，在试验示范取得成功的基础上，于 2005 年进入生产示范，2007 年至今以来列为农业部的主推技术，2011 年至今列入农业部重大财政补贴专项。现总结轻简育苗移栽所创一批棉花高产、棉麦两熟双高产及两熟北移的新经验，加以推广。

（一）长江流域棉区示范推广

1. 湖南省推广简介

2006—2012 年在洞庭湖周边常德市鼎城区牛鼻滩、澧县和临澧等地创子棉 500 ~ 584 千克 /667 米^2 的超高产纪录。

图 5–1　3 月基质育苗，4 月裸苗移栽进入大田。早育苗早移栽是夺取超高产的经验之一

基本经验：选择优势杂交种，3 月基质育苗移栽（图 5–1），4 月移栽加地膜覆盖（图 5–2），5 月现蕾、6 月开花、7 ~ 9 月结铃，植株健壮，9 月秋桃盖顶

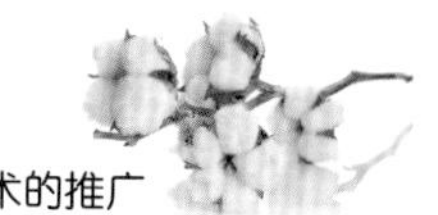

（图 5–3），10 月不衰，叶枝青绿吐絮畅（图 5–4）。

图 5–2　基质育苗移栽加地膜覆盖，5 月现蕾早

图 5–3　加强管理，实现 9 月秋桃盖顶

图 5–4 10 月枝青叶绿吐絮畅，早发早熟不早衰

2. 湖北省推广简介

2006 年 4 月 9 日，湖北省邓林农场基质育苗（图 5–5），5 月 3 日裸苗移栽。由于地处丘陵，为了防旱，开沟深度 14 ~ 15 厘米，栽深 10 厘米，抗旱能力提高，成活率达到 96%（图 5–6），5 月 21 日真叶 3 ~ 4 片，7 月 5 日果枝 12 ~ 13 个 / 株（图 5–7），中下部株型紧凑，早发；后期长势稳健不早衰。

湖北省江陵县三湖农场马铃薯田棉花裸苗套栽。2006 年 4 月 8 日基质苗床播种，4 月 30 日移栽（图 5–8），到 5 月 22 日生长真叶 6 ~ 7 片 株为早苗（图 5–9），7 月 6 日生长果枝 14 ~ 15 个 / 株为早发（图 5–10）。

图 5–5　湖北省邓林农场基质育苗苗床

图 5–6　裸苗移栽开沟深 14 ～ 15 厘米，栽深 10 厘米，苗期耐旱能力提高，成活率达 96%

图 5–7　邓林农场基质育苗移栽示范田。7 月生长加快，叶枝长势突出

图 5–8　湖北省江陵县三湖农场马铃薯田裸苗套栽棉花

图 5–9　5 月 22 日生长真叶 6 ～ 7 片 / 株，为早苗

图 5–10　7 月 6 日果枝 14 ～ 15 个 / 株，为早发

2006 年，湖北省江陵县三湖农场油菜收获后于 5 月 13 日裸苗移栽，5 月 22 日返青发棵（图 5–11），7 月 6 日，地膜覆盖果枝 11 ～ 12 个 / 株，见花（图 5–12），未覆

盖地膜果枝 8 ~ 9 个 / 株。

图 5-11　油菜收获后裸苗移栽棉花示范田

图 5-12　示范田果枝繁茂，7 月 1 日见花

2006年5月25日，湖北省沙洋县油菜收获后棉花裸苗移栽，成活率96%，7月7日果枝5～6个/株，叶枝3～4个/株，苗情与营养钵一样（图5–13和图5–14）。

图5–13　湖北省沙洋县基质育苗苗床

图5–14　沙洋县棉花裸苗移栽示范田

2006 年 5 月 29 日，湖北省钟祥市小麦收获后裸苗移栽，成活率 96%，7 月 6 日果枝 7 ~ 8 个 / 株，7 月 9 日见花，苗情与营养钵一样（图 5–15 和图 5–16）。

图 5–15　湖北省钟祥市棉花基质育苗苗床

图 5–16　钟祥市潞市镇棉花裸苗移栽示范田

2006年4月26日，中国农业科学院棉花研究所率先在全国开展棉花裸苗机器移栽示范（图5–17），以及规模化基质育苗（图5–18），机器移栽的成活率、返苗发棵生长与人工移栽一样（图5–19）。

图5–17　潜江市运粮湖农场裸苗机器移栽示范，成活率96%与人工移栽一样

图5–18　潜江市运粮湖农场大田集中基质育苗

3. 安徽省推广简介

2006年以来，安徽省安庆市采用房前屋后和温室基质育苗，油菜收获后于5月13～14日移栽，成活率96%。

由于促根剂灌根和浸根操作规范，裸苗移栽棉花的节位低，苗矮，株型紧凑（图5–20和图5–22

图5–19　机栽棉返苗发棵与人工移栽一样

右）。营养钵育苗移栽节位高，苗高，株型松散（图 5−21 和图 5−22 左），节位低和紧凑株型有利于抗倒伏。

图 5−20　裸苗移栽典型株型为矮脚苗，株型紧凑

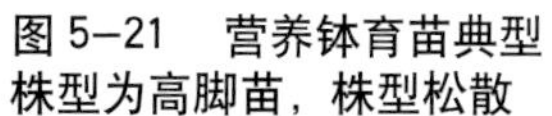

图 5−21　营养钵育苗典型株型为高脚苗，株型松散

图 5−22　基质育苗移栽（右）与营养钵育苗移栽（左）棉情对比（安徽省安庆市）

安徽省无为县棉花协会2006年4月上旬基质育苗(图5-23)，地膜覆盖，5月7日裸苗移栽，成活率96%以上，7月9日果枝14～15个/株（图5-24)，小暑小封行，早发。

图5-23　无为县棉花协会2006年4月上旬基质育苗

图5-24　棉花裸苗移栽成活率96%以上，7月9日示范田棉花长势

4. 江西省推广简介

江西省九江县、彭泽县和湖口县，4 月 10 ～ 20 日基质育苗，5 月上旬裸苗移栽，成活率达到 98%（图 5–25），下部果枝密集，主茎粗壮。7 月 8 日果枝 13 ～ 14 个 / 株，早发（图 5–26）。

图 5–25　江西省湖口县裸苗移栽成活率达 98%

图 5–26　7 月 8 日裸苗移栽示范田，棉株果枝 13 ～ 14 个 / 株

2011 年江西省支持在九江县和彭泽县分别建立了多家专业化的育苗公司，每个公司年育棉花蔬菜苗达 1000 多万株（图 5–27）。

4. 江苏省推广简介

江苏省形成“代育代栽”模式，射阳县原银棉花专业合作社建立综合种苗基地，年育苗 1 000 多万株（图 5–28），2011 年以来订单“代栽”面积发展到几百公顷（图 5–29），机栽棉长势良好（图 5–30）。

图 5–27　一个公司年育棉花和蔬菜苗 1 000 多万株，形成政府支持下的代育模式

图 5–28　射阳县原银棉花专业合作社采用订单育苗模式，发展综合种苗，形成年育苗 1 000 万株的规模

图 5–29　2009 年 6 月 15 日在射阳县召开机栽棉观摩会。机栽棉由吴云康先生提出

图 5–30　机栽棉长势良好。栽后 80 天，果枝 18 ~ 19 个，成铃 20 个 / 株

5. 河南省推广简介

2006 年以来，南阳盆地发展麦后旋耕整地机器移栽（图 5–31），栽后地面灌溉，成活率达到 100%（图 5–32），早发，长势良好，形成麦套移栽棉和麦茬移栽棉两种模式，产量高（图 5–33）。

图 5–31　2006 年 6 月 5 日，唐河县小麦收获，旋耕整地后机栽，接着灌溉成活率达到 100%

图 5-32 2007 年 5 月 20 日套栽，6 月 6 日生长真叶 4 片，早发，生长有劲

图 5-33 9 月下旬见絮，中上部成铃多，长势稳健

（二）黄河流域棉区示范推广

1. 一熟制棉花裸苗移栽示范推广简介

中国农业科学院棉花研究所在河南省安阳市示范推广，5 月 2 日浇底墒水，接着地膜覆盖，5 月 9 日膜上裸苗移栽，移栽时真叶 3 片 / 株，地面灌溉，栽后第二天幼茎发红。5 月 15 日栽后第六天，茎由红色转为绿色，成活率 96.4%（图 5-34）。5 月 20 日栽后 10 ～ 12 天返苗发棵，生长新叶 3 片 / 株（图 5-35）。栽后 30 天进入蕾期（图 5-36），7 月 5 日见花，7 月 10 日果枝 12 ～ 13 个 / 株，幼铃 1 ～ 2 个 / 株，进入花铃期，棉株生长稳健，盛蕾初花期可以不喷缩节胺（图 5-37）。

图 5–34　先地膜覆盖再移栽，栽后地面灌溉，成活率达到 96.4%。栽后第五天幼茎由红色向绿色转变

图 5–35　地膜覆盖裸苗移栽后 10 ～ 12 天，生长新叶 3 片

图 5–36　裸苗移栽棉田 6 月 10 日进入蕾期

图 5–37　裸苗移栽棉田 7 月 7 日进入初花期

2. 麦田套机栽棉的示范推广简介

中国农业科学院棉花研究所在河南省安阳市示范推广麦田春套裸苗机器移栽（图 5–38），2008 年 4 月 29 日裸苗机器双行套栽，先整地，人工放苗，机器覆土和镇压，接着灌溉（图 5–39），一水麦、棉两用，成活率与人工移栽效果一样，达到 96%以上，栽后第七天开始生长新叶（图 5–40）。

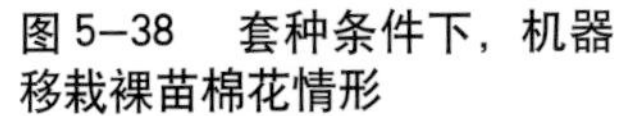

图 5–38　套种条件下，机器移栽裸苗棉花情形

图 5–39　移栽后接着灌溉

图 5–40　机器移栽与人工效果一样成活率达到 96%以上，移栽后第七天开始生长新叶

3. 麦茬移栽棉花示范推广简介

（1）**在豫北**　中国农业科学院棉花研究所在河南省安阳县、延津县和辉县市等示范推广麦茬（图 5–41）裸苗移栽短季棉（图 5–42）。6 月 10 日前后小麦机收，接着旋耕整地，6 月 12 日棉花机栽，一次移栽 4 行或 6 行，人工放苗，机器覆土和镇压，接着滴灌（图 5–43），6 月 17 日成活率达到 100%，栽后 5 天新叶生长（图 5–44）。

图 5–41　小麦满腹播种，6 月中旬抢收

图 5–42　短季棉在旋耕整地后于 6 月 12 日用机栽

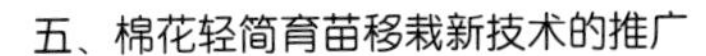

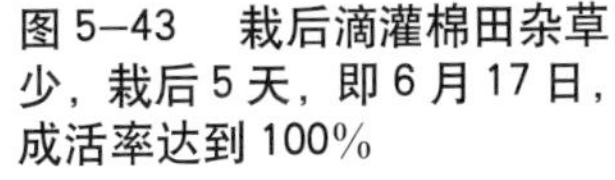

图 5-43　栽后滴灌棉田杂草少，栽后 5 天，即 6 月 17 日，成活率达到 100%

图 5-44　栽后 5 天开始生长新叶

（2）**在皖北和苏北**　麦茬移栽棉双高产技术，在江苏省的黄海农场和安徽省固镇县示范推广，取得了双高产的良好效果。

图 5-45　固镇县任桥镇，2008 年 6 月 8 日裸苗人工套栽，接着灌溉，成活率达到 100%

2008 年 6 月 8 日，安徽省固镇县裸苗人工套栽，接着灌溉，成活率达到 100%(图 5-45)。7 月 18 日果枝 11 ~ 12 个 / 株（图 5-46）；8 月 10 日果枝 15 个，成铃 3

个／株(图 5–47)；9 月 25 日测产成铃 66 000 个／667 米^2，子棉 350 千克／667 米^2（图 5–48)。

图 5–46 麦茬裸苗移栽，7 月 18 日果枝 11～12 个／株

图 5–47 6 月 10 日麦茬裸苗移栽，8 月 10 日成铃 3 个／株

图 5–48 麦裸苗移栽，9 月 25 日成铃 66 000 个／667 米^2

（3）**在冀南**　邯郸市邱县、曲周县、成安县和邢台市隆尧县、巨鹿县等开展麦茬移栽棉示范。棉田从一年一熟到一年两熟，增产一季小麦，棉花育苗移栽，子棉 200 ~ 250 千克 /667 米^2（图 5–49 和图 5–50）。

图 5–49　2012 年 5 月初曲周县基质穴盘育苗 5 月初播种

图 5–50　2009 年 6 月 5 日邱县试验机栽棉，栽后灌溉，成活率达到 100%

（4）**在天津** 麦茬裸苗移栽双高产技术试验示范，把麦、棉两熟从北纬38°向北推进两纬度，达到北纬40°的天津。2008年6月18日小麦机收，裸苗机器移栽3行（图5–51），成活率达到100%。7月28日麦茬移栽棉进入盛花期，成铃1个，开花第3～4个果枝(图5–52)。8月6日单株成铃1～2个（图5–53），9月6日见絮（图5–54）。

图5–51 2008年6月18日天津市武清区小麦机收，接着旋耕整地，裸苗机器移栽3行，人工放苗，机器覆土和镇压，接着灌溉，成活率达到100%。（半自动裸苗移栽机具由江苏省南通富来威农业装备公司研制生产，系油菜移栽机）

图5–52 7月28日麦茬移栽棉进入盛花期，成铃1个，开花第3～4个果枝

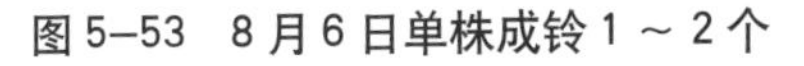

图 5–53　8 月 6 日单株成铃 1 ～ 2 个

图 5–54　邯郸麦茬移栽 9 月上旬可见絮

（5）**黄河麦茬移栽棉花生长特点**　6 月麦后移栽，7 月集中现蕾和见花（图 5–55），8 月集中开花结铃（图 5–56），9 月下旬见絮（图 5–57），10 月上旬吐絮约 40%（图 5–58），10 月中、下旬集中收获（图 5–59）。

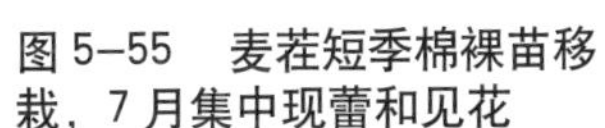

图 5–55　麦茬短季棉裸苗移栽，7 月集中现蕾和见花

图 5-56　麦茬短季棉裸苗移栽，8 月集中开花结铃

图 5-57　麦茬短季棉裸苗移栽，9 月下旬见絮

图 5-58　10 月上旬吐絮约 40%

图 5-59　麦茬短季棉裸苗移栽，10 月初喷乙烯利和脱叶剂催熟脱叶，10 月中、下旬集中收获

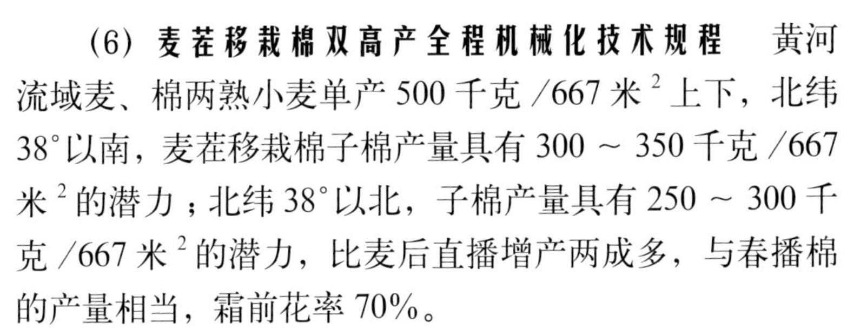

（6）**麦茬移栽棉双高产全程机械化技术规程**　黄河流域麦、棉两熟小麦单产 500 千克 /667 米^2 上下，北纬 38°以南，麦茬移栽棉子棉产量具有 300 ~ 350 千克 /667 米^2 的潜力；北纬 38°以北，子棉产量具有 250 ~ 300 千克 /667 米^2 的潜力，比麦后直播增产两成多，与春播棉的产量相当，霜前花率 70%。

毛树春等提出麦、棉双高产“九个一”的全程机械化技术，现将其要点归纳如下。

“一种”：选用短季棉品种，不能采用中、早熟春棉品种。黄河以南移栽密度 3 500 ~ 4 000 株 /667 米^2，行距 70 ~ 75 厘米。黄河以北移栽密度 4 000 ~ 4 500 株 /667 米^2，行距 70 ~ 75 厘米；天津移栽 6 000 株 /667 米^2，行距 65 ~ 70 厘米。

“一苗”：基质育苗，5 月上旬育苗。苗龄 30 ~ 40 天，真叶 2 ~ 3 片，苗高 15 厘米，栽前红茎 50%，子叶完整，无病，叶色深绿。

“一抢”：抢收小麦，抢耕整地，旋耕前撒施复合肥或控释肥 30 ~ 40 千克 /667 米^2。看苗早追尿素 5 ~ 10 千克 /667 米^2，时间不迟于 7 月中旬，肥水地可不施。

“一栽”：机器移栽，栽深 7 厘米，也可人工贴茬移栽。

“一水”：栽后滴灌一次，之后进入雨季，一般不需灌溉。

“一调一打”：黄河以南果枝 10 ~ 12 个 / 株时打顶，黄河以北 9 ~ 10 个 / 株打顶，打顶时间在 7 月 15 日前，

做到时到不等枝。打顶后 7 ～ 10 天重控，每 667 平方米用缩节胺 5 克上下。如果肥水碰头，出现旺长要再控。

“一催一脱”：10 月初喷施乙烯利和脱叶剂催熟，10 月下旬机械化集中采收。

配套措施：一是选择无枯萎病、黄萎病地或轻病地；二是有灌溉条件；三是春棉、短季棉和蔬菜可连续育苗；四是搞好病虫害防治；五是与玉米茬口相比，小麦每晚播 5 天增加播种量 500 克 /667 米 ^{2}。

4. 蒜田套栽棉花推广简介

全国蒜、棉两熟高效棉田面积约 20 万公顷，分布在山东的鲁西南和江苏的徐淮地区，与营养钵相比，基质规模化育苗省地一半，运苗特别省劲，节省人工，减轻劳动强度，深受农民欢迎。

图 5–60　2011 年 4 月 26 日，全国棉花轻简育苗观摩会在金乡县召开，育苗由金乡县润丰种业公司承担。该公司采用集中和分散育苗结合，育苗规模达到 900 多万株，移栽面积 300 多公顷

由于大蒜株高 60 厘米，具有遮阳、挡风和防寒的作用，加上蒜田地膜全覆盖，土壤温度高，田间湿度大，是裸苗移栽的适宜茬口。

在金乡县、鱼台县、巨野县和丰县、铜山县等蒜套棉地区，4 月上旬播种（图 5–60），规范管理（图 5−61），育苗期 30 天，4 月底真叶 2 ～ 3 片。

蒜套田棉花 5 月初移栽，成活率 98%（图 5−62），返苗期不明显，5 月 24 日大蒜收获后子叶完整，生长新叶 2 片（图 5−63），创一批子棉 350 ～ 400 千克 /667 米 ^{2} 以上的高产典型（图 5−64）。

图 5−61　规范做床和播种，齐苗后用促根剂灌根，起苗前喷保叶剂

图 5−62　金乡县棉花 5 月初移栽，成活率 98%，5 月 22 日调查，生长真叶 2 片

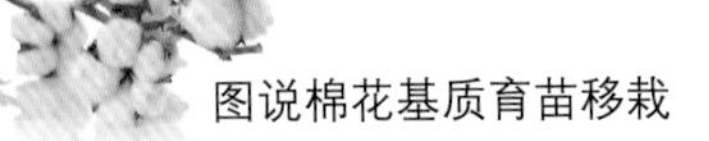

图 5–63　金乡县 5 月 23 日大蒜收获后裸苗长势，子叶完好，生长新叶 2 片

图 5–64　2013 年 9 月 29 日，董合忠（左）等专家对金乡县基质轻简育苗田块进行测产

（三）西北内陆棉区示范推广

基质轻简育苗移栽于 2007 年进入新疆，至今仍在生产建设兵团繁殖杂交种第一代。采用蔬菜大棚加温育苗，育苗期 40 天上下（图 5–65）。膜上人工移栽，接着滴灌，成活率 95%（图 5–66）。与优势杂交种和精准管理结合，2007 年在 125 团创子棉 660 千克 /667 米 ^{2} 的超高产水平（图 5–67）。

此新技术在新疆具有创超高产、杂交种制种亲本繁殖和接替地膜覆盖的功能，但要解决机器移栽和降低育苗成本，当增产子棉 100 千克 /667 米 ^{2} 时会大有作为。

图 5–65　第七师 125 团采用蔬菜大棚加温育苗，育苗期 40 天

图 5–66　采用宽膜覆盖，膜上人工移栽，接着滴灌，成活率 95%

图 5–67　第七师 125 团 2007 年移栽 80 亩，创子棉 660 千克 /667 米 ^{2} 的超高产水平

六、基质育苗移栽棉花的生长发育特点、增产效果及管理要点

（一）基质育苗移栽棉花的生长发育特点

据毛树春等观察，基质育苗和裸苗移栽棉花的生长发育主要特点：前期生长势弱些，但很稳健，主茎粗壮，节间密集，中下部成铃多 。主要特点：6 ～ 7 月生长明显加快，小暑小封行，大暑达封行，8 ～ 9 月生长稳健，9 ～ 10 月青枝绿叶吐絮畅。

1. 返苗发棵先长根

裸苗棉花栽后先长根，长地下部。采用挖根方法，可见栽后第一天新根突起，2 ～ 3 天生长新根最多达到 6 条 / 株（图 6–1 和图 6–2），栽后 8 天可见新根 20 条 / 株（图 6–3），栽后第 20 ～ 25 天，根系结构基本形成，最大根系生长区域的直径可达到 100 厘米左右（图 6–4）。

图 6–1　栽后 2 ～ 3 天生长新根 4 ～ 6 条 / 株。当土壤湿度合适，可见近地面 2 厘米的表层幼茎也出生新根

图 6–2 栽后 3 天生长新根多达 6 条 / 株的冲净后的照片

图 6–3 栽后 8 天可见生长新根多达 20 条 / 株

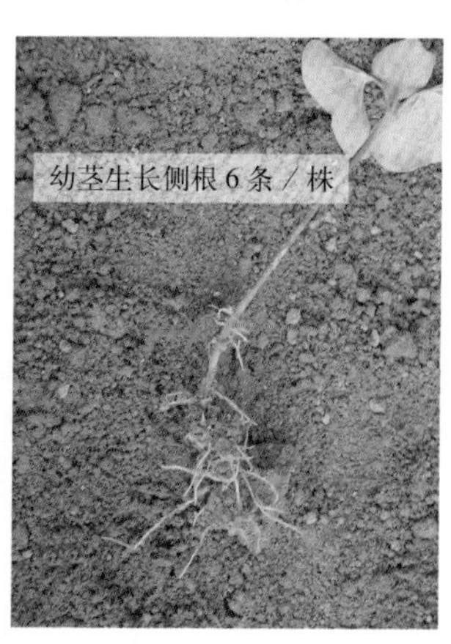

图 6–4 栽后 20 ~ 25 天，剖面可见一级测根 6 ~ 8 条 / 株，根系结构基本形成，最大根系生长区域的直径可达到 100 厘米

毛树春等（2007）采用微区设计，挖根和水中浸润挑检方法观察裸苗移栽根系生长情况，发现栽后当天即生根（图 6–1）。解方程得栽后 11 天日新生根条数为 6.4 条 / 株(图 6–5)，日增新根系总长度为 37.6 厘米 / 株(图 6–6)。

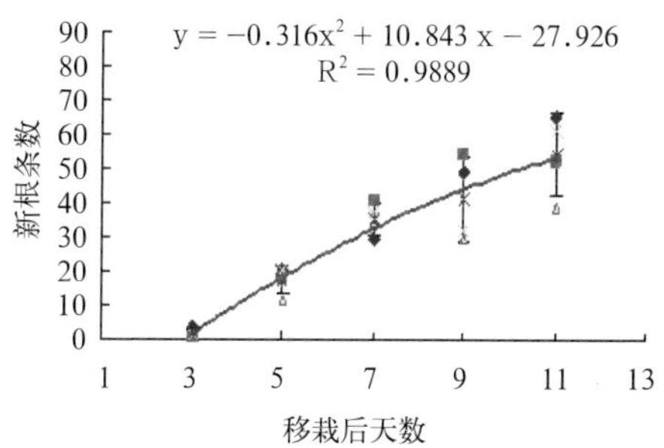

图 6–5 裸苗移栽棉花栽后 13 天单株根长度增长

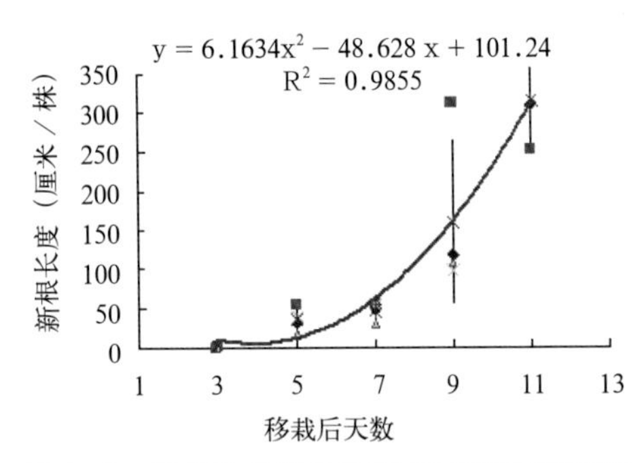

图 6–6　裸苗移栽棉花栽后 13 天根条数增长

2. 返苗发棵由红色褪为绿色，生长并不慢

裸苗 2 ～ 3 片真叶移栽，移栽时幼茎由红色转绿色，或移栽时幼茎由绿色先转为红色，再转为绿色需时 6 ～ 8 天，子叶完整，同等条件下不比营养钵移栽棉花的转化慢，发棵也不晚，发棵之后接着生长新叶。大龄苗（4 片以上真叶）移栽，苗情转化时间长些。由于气温和昼夜温差等关系，5 月（苗期）比营养钵落后真叶 1 片 / 株，但不是迟发。

3. 中下部株型紧凑，特点明显

从形态上，裸苗移栽棉花的株型紧凑，7 月叶色深绿，叶片上翘，生长有劲（图 6–7）；果枝着生节位低，棉株自下而上的主茎和果节比较密集，植株生长稳健，是蕾期和初花期稳长的重要特性，十分有利于创建高产株型（图 6–8 和图 6–9）。

图 6–7　基质育苗移栽棉花 7 月叶色深绿，叶片上翘，生长有劲

图6–8　裸苗移栽棉花伏桃满腰，秋桃盖顶

图 6–9　裸苗移栽棉株在 8 月中旬表现出主茎粗壮，中下部节间较密集，株型紧凑的特点

4. 6 ~ 7 月生长加快，8 ~ 9 月稳健，9 ~ 10 月不早衰

裸苗移栽棉花进入 6 月下旬至 7 月生长加快，初花期虽然株高矮于营养钵，但叶片数和蕾数不比营养钵的少。花铃期生长发育与营养钵没有差别，8 ~ 9 月生长稳健，9 ~ 10 月枝青叶绿吐絮畅（图 6–10），防早衰效果明显（图 6–11）。

图 6–10　9 ~ 10 月裸苗移栽棉花的主茎粗壮，枝青叶绿吐絮畅

图 6–11　10 月中旬以后营养钵移栽棉花早衰严重（左），裸苗移栽棉花则枝青叶绿（右）。这一长势在各地均可重复

5. 根系发达

毛树春等（2006）采用挖壕沟法剖面观测成熟植株根系，结果指出（表 7–1），基质育苗移栽棉花一级侧根条数（图 6–12）比营养钵移栽（图 6–13）和直播棉（图 6–14）多 15.8%和 37.5%；一级侧根直径比营养钵移栽和直播增粗 20.5%和 88%。

由于基质育苗移栽棉花根系生长健壮，单株根系干重比营养钵移栽和直播增重 22.2%和 75.3%，差异极显著（表 6–1）。这可能是基质育苗移栽棉花中后期生长稳健，抗早衰能力提高，夺取高产的基础。

图 6–12　基质育苗移栽棉花侧根 6 ～ 8 条 / 株，根系纵向伸展有序，侧根发达，茎粗，不易倒伏（2006 年无为县）

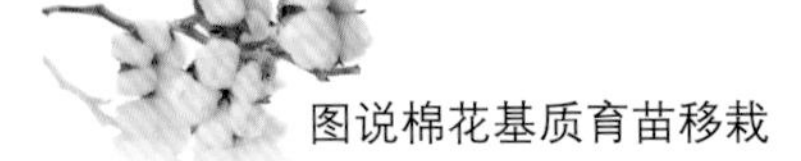

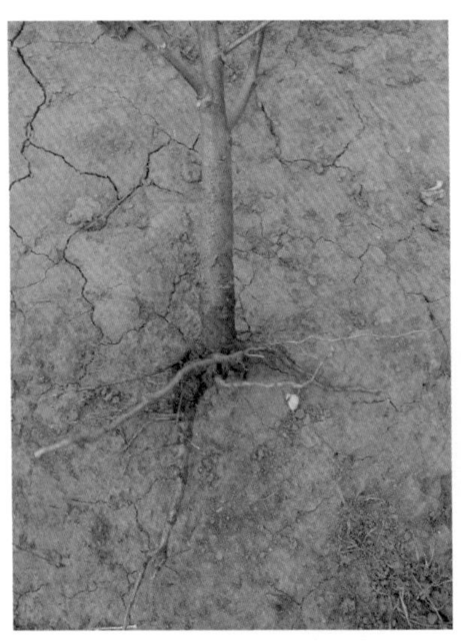

图 6–13　营养钵移栽棉花侧根 3 ～ 4 条／株，根系向纵横向伸展无序，侧根不发达，易倒伏（2006 年无为县）

图 6–14　直播棉花侧根 2 ～ 3 条／株，根系纵向伸展，深度达到 1 米多，但侧根不发达，也易倒伏（2006 年中棉所）

表 6–1 不同处理成熟棉单株根系比较（2006 年中棉所）

处　理	一级侧根条数（条／株）	一级侧根平均直径（厘米）	根干重（克／株）
裸苗移栽	44aA	0.31aA	31.9aA
营养钵移栽	38bB	0.26bB	26.1bB
大田直播	32cC	0.17cC	18.2cC

注：不同小写字母表示 5%的差异显著，不同大写字母表示 1%的差异极显著

上述特性与基质育苗移栽方法和采用促根剂调节棉花生长发育有着密切关系。

（二）棉花基质育苗和轻简移栽要点

1. 规范育苗要点

（1）**育苗**　苗床期管理以控水为主，掌握“干长根，湿长芽”原则，起苗前不能浇水，幼苗红茎比例占 50%，做到爽床起苗。

基质与干净河沙按 1∶1.2 的体积比均匀混合，见行至出齐苗要灌促根剂，起苗前喷保叶剂，见前述。

（2）**地平**　床底要平整，铺上铺农膜（图 6–15）（农膜比地膜厚）。如果铺旧膜，要看是否破损，破损要铺双层。

铺基质的厚度 10 厘米，铺时人脚不要上床，否则易踩破农膜，主根穿过底层农膜（图 6–16），侧根很少（图 6–17）。穴盘要装满基质，保证营养和供水。

图 6–15　床底要平整，铺上新膜，人不进床

图 6–16　主根穿过底层地膜之后，由于主根生长优势，不长侧根，因而侧根很少

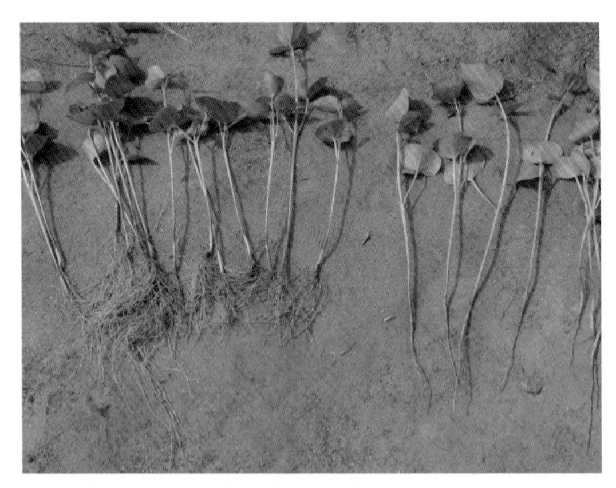

图 6–17 没有侧根的棉苗移栽不易成活（左：多根，右：少根）

（3）**分期分批播种** 规模化苗床和穴盘育苗要分期分批播种（图 6–18），分期分批移栽，有利劳动力安排和应对不利天气。

图 6–18 规模育苗要分期分批播种，防止苗龄过大

（4）**大苗龄控制方法** 如遇特殊气候和其他原因不能按时移栽，应控苗。“控苗”方法：一是提早控制苗床水分，掌握“干长根”原则。二是苗床起苗再移植于苗床（也称为“假植”），可阻止生长（图 6–19）。三是苗床喷低浓度缩节胺（有效成分 97%缩节胺 0.1 克，对水 1 000 千克），控

制时间 7 ～ 10 天。穴盘苗要通过控水来控制大苗。

（5）**穴盘苗高偏矮原因和补救**　穴盘所用基质较少，保水能力差，苗高偏矮和根系易老化是穴盘育苗的最大弱点，因苗矮而浅栽，因浅栽而干旱，还因浅栽易造成倒伏等问题。

克服方法：一是苗床期供水适宜，播种 20 天内水分供给要充足，此时干旱苗高易矮化。二是加入保水剂（图 6–20），可适当减少苗床加水，并能够保持苗床湿润。三是炼苗，在起苗前不宜过早。

图 6–19　苗床假植可控制苗龄 5 ～ 7 天

图 6–20 加入保水剂后，根系湿润，保水能力提高，可适当减少苗床加水，苗高可达到 10 厘米

2. 轻简移栽要点

裸苗移栽棉花成活率达到 95%，快速缓苗发棵生长，温度和水分为主要因素。其中春季以温度为主，夏季麦茬棉以水分为主。

一是水分。做到足墒移栽。要求底墒足，口墒好；栽深不栽浅，深度不浅于 7 厘米。边旋耕边移栽，由于土“暄”不紧实，因此，要求苗高不矮于 15 厘米。栽棉如栽菜，栽菜要浇水，“安家水”宜多不宜少，一株一碗水，栽后遇旱还应及时灌溉。

因此，裸苗移栽没有水可能死苗，水不足，可能形成老小苗，栽后不发棵形成“老苗”。要求底墒足，浇足“安家水”就是这个道理。

二是温度。缓苗活棵发苗要求 17℃以上的适宜温度，低温和昼夜温差大，发棵晚易形成老苗。因此，提倡地膜覆盖，栽高温苗不栽低温苗。强调基质育苗移栽是营养钵育苗移栽的接班技术，不能替代地膜覆盖。

三是前期生长要促（前面已述）。早施基肥，轻施提苗肥和蕾肥，重施花铃肥；由于前期生长稳健，蕾期一般不需化学调控，打顶后的化学调控同营养钵移栽。

四是安全使用除草剂（见棉花轻简移栽关键技术）。

3. 基质育苗移栽其他管理

施肥、中耕培土、整枝打顶和病虫害防治，与营养钵育苗移栽相同。

（三）棉花基质育苗移栽的主要技术效果

1. 主要技术效果

基质育苗移栽具有“三高五省”的技术效果，所谓“三高”：

一高：即成苗率高，苗床成苗率为95%。

二高：即成活率高，裸苗移栽成活率可达96.4%。

三高：即效益高，增产6%～20%，增效80～136元/667米^2，农民讲“裸苗栽一栽，亩增二百块”。

所谓“五省”：

一省：即省种，省种50%。农民讲“一亩种子两亩苗”。

二省：即省地，苗床省地50%。

三省：即省时，育同等苗龄的苗，省时3～5天。

四省：即省力，两篮苗子栽一亩地，方便省劲。

五省：即省钱，省工3/4，节本30元/667米^2，节本率达60%。

2. 资源高效和节约用地

由于基质可循环和重复利用，是一种资源节约型新技术；同时，育苗期基本不用杀虫剂、杀菌剂和除草剂，可不用包衣子，因而是一种环境友好型技术。因此，基质育苗移栽技术符合资源高效利用和土地节约原则，代表着现代农业的发展方向。

（四）棉花基质育苗移栽的风险及其防范

1. 风险

基质育苗期间很安全，但裸苗移栽后不浇或少浇“安家水”，遭遇干旱和强寒潮是主要风险。

2. 风险防范措施

一是遭遇干旱要千方百计抗旱浇水。同时积极发展现代灌溉技术，采用滴灌和喷灌既省水，还可获得现代农业建设投资的支持。遭遇强寒潮时除停止移栽以外，冻死幼苗要补栽。

二是搞备用苗以防风险，这是商品苗经营必需的防范措施。当生产季节不出现问题，就卖苗子，成本不会增加。

三是与用户签订合同，明确自然灾害需要共同克服的责任。加强技术指导，提出切实可行的解决方法。

（五）示范推广坚持“三步走”的正确步骤

轻简育苗移栽新技术如同其他新技术推广一样，要坚持试验—示范—推广三步走的正确步骤。这既是新技术推广必须遵守的科学步骤，也是防范风险的最有效办法。

一是在新地区开始推广时，示范点要多，而每个点的面积要少，当取得成功后再由小到大，由少到多，一年一个台阶。

二是搞好技术培训，加强巡回检查指导，发现问题及时解决。

三是多培养植棉大户和能人，发挥大户和能人的示范带动作用。

七、基质高效节本育苗模式

以基质为育苗载体，采用重复育苗、连续育苗和综合种苗基地方法，是基质育苗技术在节省成本、充分利用土地资源和高效育苗方面的具体表现，形成多种“代育代栽”高效育苗模式，创造订单育苗、委托育苗、工厂化育苗和综合种苗基地等“代育代栽”的新经验。

（一）重复高效育苗模式

1. 多年重复育苗模式

本模式在广泛应用。湖北省黄梅县新开镇毛树丰，常年植棉 0.67 ~ 1.33 公顷，2005 年获得基质 20 袋，购黄沙 3 立方米多，每年建苗床 20 ~ 30 平方米，栽后基质装入尿素袋中，或用砖砌墙堆积防雨冲淋，第三次育苗每立方米加复合肥 1 ~ 2 千克，充分混合，每 667 平方米育苗成本仅 10 元（图 7–1）。重复 8 年育苗之后，于 2011 年将育苗基质全部更新又进入新一轮重复利用周期。

2. 早春棉—晚春棉模式

本模式在长江中游和南襄盆地较多。早春棉苗床 3 月底播种，4 月 20 日至月底前后移栽空白地；接着进行晚春棉育苗，苗龄 20 ～ 25 天，真叶 2 片，油菜 5 月中旬或小麦 5 月底或 6 月初收获后移栽棉花进入大田。

湖北省黄梅县独山镇植棉大户柯柏林，2008 年每年基质育苗 2 次，移栽 3.3 ～ 4 公顷，每 667 平方米育苗成本不足 10 元。除自育自用外，他还创造了委托育苗模式，2008 年委托育苗 2.2 万株，获利 1 500 多元（图 7–2 和图 7–3）。

图 7–1　毛树丰常年植棉 0.67 ～ 1.33 公顷，重复育苗 4 年，每年每 667 米^{2}成本仅需 10 元

图 7–2　柯柏林植棉 3.3 ～ 4 公顷，除自育自用以外，还受理委托育苗，2008 年育苗 2.2 万株，获利 1 500 多元

图 7–3　柯柏林所建苗床长 13 米，宽 1.2 米，基质厚度 10 厘米，行距 10 厘米，种子粒距 2 厘米。由于建床规范，管理到位，幼苗根多健壮

（二）连续高效育苗模式

1. 早春蔬菜—早春棉—晚春棉与稻棉、烟棉模式

春季蔬菜育苗品种有茄子、辣椒、西红柿、豇豆、苦瓜和丝瓜等品种。长江中游 2 月底蔬菜大棚增温育苗，日光温室育苗一般不增温，3 月初开始出售，4 月初早春棉育苗，4 月底出售，接着晚春棉育苗，5 月中、下旬出售。本模式在长江和黄河棉区应用。

湖南省常德市科农公司利用日光温室，以基质为育苗载体，形成早春棉—晚春棉、菜—棉模式（7–4），蔬菜 3 月底出苗，接着育棉花。2010 年形成早稻—棉花连续育苗，烟草—早春棉—晚春棉连续育苗模式（图 7–5），一个公司年育苗 1 500 多万株，可移栽 600 多公顷。

图 7–4　以基质为育苗载体，采用冬末和早春育苦瓜等蔬菜

图 7–5　在湖南常德，烟草 3 月中旬离床，接着育早春棉在 4 月下旬一熟春棉移栽，又育晚春棉在 5 月下旬油后移栽。还有早稻 4 月下旬离床，接着育晚春棉，油菜收获后移栽

湖北省仙桃市西流河镇西铭种业张万忠先生尝试基质蔬菜棉花连续育苗。从 2005 年建蔬菜大棚 1 栋到 2008 年发展至 3 栋，从 1 年育苗 1 次发展到一年育苗好多次，服务区域涉及到整个西流河镇（图 7–6 和图 7–7）。

图 7–6　2 月底播种番茄，3 月底到 4 月初出苗，接着棉花育苗，4 月底到 5 月移栽

图 7–7　2 月茄子育苗，3 月底到 4 月初出苗，接着棉花育苗，4 月底到 5 月移栽

湖北省邓林农场嫁接西瓜基质育苗（图 7–8），幼苗无病，嫁接成苗率提高。

图 7–8　嫁接西瓜基质育苗，幼苗无病，嫁接成苗率提高

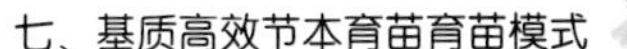

2. 春棉—短季棉、洋葱或菜—花卉模式

4 ～ 5 月育春棉，5 月接着育短季棉，或花卉（图 7–9 和图 7–10），或洋葱（图 7–11）。本模式在黄河棉区应用。

图 7–9　用基质苗床育万寿菊苗，可行播也可撒播，出苗整齐

图 7–10　用基质育鸡冠花苗根系发达，移栽成活率高

图 7–11　用基质苗床育洋葱苗，一播全苗，幼苗整齐一致

河南省安阳市棉花——花卉模式。根据品种，花卉可在春棉移栽晚春播种，或夏播夏栽，或秋播秋栽。

山东省鱼台县棉花——洋葱模式。洋葱播种时间为7月中旬，移栽时间为10月，基质厚度20～30厘米。

（三）基质综合种苗模式

基质综合种苗基地是以基质为育苗载体实行常年育苗。育苗模式有秋－冬－夏－春四季连续育苗，培育菜－棉－瓜等多个作物品种，可节省一半种子，成苗率提高80%，省工一半。特别是基质无病原菌，病害轻，越冬相对安全。育苗方式既有大规模的自育自用，也有大规模的订单育苗。

湖北省黄梅县毛民安是一位现代农民，承包耕地160多公顷，采用棉、稻和菜的轮作模式，自2008年至今建有蔬菜大棚16～33.3公顷不等，采用多种蔬菜与棉花连续育苗。其中黄金瓜或辣椒采用分段育苗方法，第一段小寒节气基质苗床育苗（图7–12），第二段2月转入营养钵（图7–13），3月初栽入大拱棚生长，产量高，瓜相好，比营养钵苗早上市40天（图7–14）。

河北省隆尧县大田高效农业开发专业合作社，成为北方第一个基质育苗基地，受到河北省农业部门的高度重视。

2007年自建蔬菜大棚6栋，每栋面积近400平方米，当年育苗200万株，移栽100公顷。2008年又新建大棚

6 栋共 12 栋，面积 0.28 公顷，育苗 440 万株，移栽 140 公顷。其中棉花 210 万株,移栽春棉 100 公顷,短季棉 0.67 公顷；甜糯玉米 5 万株，移栽 1 公顷；大豆 23 万株，移栽 1 公顷；夏辣椒育苗 200 万株，小麦收获后移栽 33.3 公顷。

图 7–12　黄金瓜小寒节气播种

图 7–13　2 月底转入营养钵育苗，3 月中旬移入大棚栽植

图 7–14　基质培育黄金瓜结瓜多，产量高，瓜相好，上市早，可卖到好价钱

采用春棉（图 7–15）或春甜糯玉米或高产大豆）－夏辣椒（图 7–16）或短季棉模式进行连续育苗。

射阳原银合作社也是这一模式（见棉花轻简移栽关键技术）。

图 7–15　春棉 4 月初播种，4 月底移栽。本苗床在移栽前控水不够，苗偏嫩

图 7–16　春棉移栽后苗床再播种夏辣椒，于麦后 6 月上、中旬移栽

（四）开发基质综合种苗技术，建设基质综合种苗基地

为什么要开发基质综合育苗技术，推进基质综合种苗基地建设，主要原因如下。

一是棉花育苗要求的技术含量高，棉花育苗能够成功，其他作物包括蔬菜和花卉均可成功，在技术上具有可行性。

二是棉花是大田作物，育苗成本要求最低，反之用

低成本育苗方法来育蔬菜和花卉，能显著降低成本。

三是综合种苗符合多个目标。如：符合公司利益，能找到转化的有效载体；符合农民利益，能满足终端市场的需求；符合现代农业的发展方向，可以获得项目支持。

四是基质育苗技术具有循环和重复利用的优点，有效节约土地（表 7–1），进一步降低成本。

五是育苗方式既适合工厂化和规模化集中育苗，又适合千家万户分散育苗，方式灵活，应用范围更广。

六是规模化育苗缺乏低成本的小型机械化和自动化设备。

表 7–1　以基质为育苗载体的综合种苗基地，苗床与大田移栽面积比例和成本测算

项　目	苗床基质使用次数（次／年）	苗床（为 1）与移栽大田面积比例	单位苗床净面积成苗数（株／米²）	育苗成本比例（%）	棉花单苗成本（株／分）
一年一次育苗	1	1∶100	500	100	7 ~ 8
一年两次育苗	2	1∶200	1 000	50	3 ~ 4
一年三次育苗	3	1∶300	1 500	33	2.3 ~ 2.6
一年四次育苗	4	1∶400	2 000	33	2.3 ~ 2.6
一年五次育苗	5	1∶500	2 500	30	2.1 ~ 2.4
一年六次育苗	6	1∶600	3 000	20	1.4 ~ 1.6

八、育苗基质与穴盘的保存、基质的多次利用和培肥

（一）育苗基质的保存

育苗基质可重复使用。每次育苗后，需清除基质中的植物残体，如落叶及根系（图 8–1），晾晒风干（图 8–2），装入袋中保存（图 8–3），或砖砌或水泥杆垒成墙，防雨冲淋（图 8–4）。

图 8–1　清除苗床落叶和残根

图 8-2 晾晒基质（河南省镇平县）

图 8-3 装入袋中家中保存

图 8-4 集中堆放覆盖农膜防雨冲淋

（二）育苗基质的培肥与再利用

基质除提供养分外，重要的是提供根系生长的基本环境条件，本着“损失多少补充多少”的原则进行补充。

按原基质的重量计，第二次使用时，需要增加原基质的 10%；第三次需要增加原基质的 20%；第四次、第五次需增加原基质数量的 40% ~ 50%，再充分混匀。使用 5 ~ 6 次后需要更新一次。

苗床基质第三次使用时，需要培肥，补充养分，每立方米基质加腐烂的干鸡粪 3.6 ~ 5.4 千克、磷酸二铵 0.36 ~ 0.54 千克，充分混均。

切忌培肥不能使用尿素。

（三）穴盘的保存

穴盘要清洗干净，在低温条件下保存，可以减轻老化速度，延长使用次数（见棉花基质育苗关键技术）。

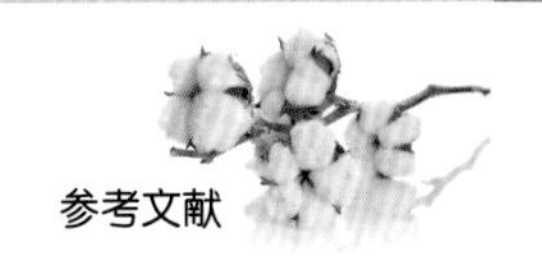

参考文献

[1] 毛树春 . 图说棉花无土育苗和无载体裸苗移栽关键技术 [M]，北京：金盾出版社，2005.

[2] 毛树春 韩迎春 . 图说基质育苗移栽 [M]. 北京：金盾出版社，2009.

[3] 中华人民共和国农业部 .2012 年农业主导品种和主推技术 .[M]. 北京：中国农业出版社，2012，282−290.

[4] 中华人民共和国农业部 .2013 年农业主导品种和主推技术 .[M]. 北京：中国农业出版社，2013，310−321.